# 林業現場人 道具と技

## Vol.18

## 北欧に学ぶ 重機オペレータのテクニックと安全確保術

林業現場の重大災害がケタ違いに少ない北欧。
理由の第一は、重機主体のシステムだ。
ハーベスタ、フォワーダでほとんどの伐出を行う。

その北欧で林業教科書が登場した。
書かれているのは、第一が現場人の安全、第二がチームワーク。
重機を使いこなす実践テクニックも随所に写真で示される。
そしてなにより現場人オペレータの立場・心情で書かれている。

著者は重機オペレータ出身の林業教育機関講師だ。
この教科書がEUの林業教育教材に採用されたのもうなずける。

もはや重機は単なる高能率の機械ではない。IoT情報発信基地であり、
サプライチェーンの起点でもある。それが今の進化形。

現場人・オペレータは、「林業会社の顔」であれ、と著者は言う。
だからこそ、絶対安全を確保し、プロとしての技術・スキルを高め続ける
責務があると。それが社会の信頼を獲得する。

安全、そして信頼の技術。普遍的な智恵を読者と一緒に学びたい。

一般社団法人　全国林業改良普及協会

contents

# 林業現場人 道具と技 Vol.18

## 北欧に学ぶ 重機オペレータのテクニックと安全確保術

# 現場の段取りは逆算で考える

千歳林業株式会社
（北海道倶知安町）

従業員90人、年間伐出量8万5000㎥。
そして、道内3拠点、社有林1万8000ha。広大な北海道にあって、
堂々たる規模の経営を行う千歳林業㈱。スケールの大きい経営の内側には、
緻密な在庫調査と収支予算管理、オペレータに任された現場の
段取り術がありました。
（編集部　写真／塚本哲）

千歳林業の〝稼ぎ頭〟であるハーベスタのオペレータ・藤原豊さん（左）と、ハーベスタの技を習得中の種田千樫さん（右）

現場訪問

運材コストを下げるため、山土場まで11t車を入れます。路網の充実が生命線です

# 林業で受注生産の実現を──

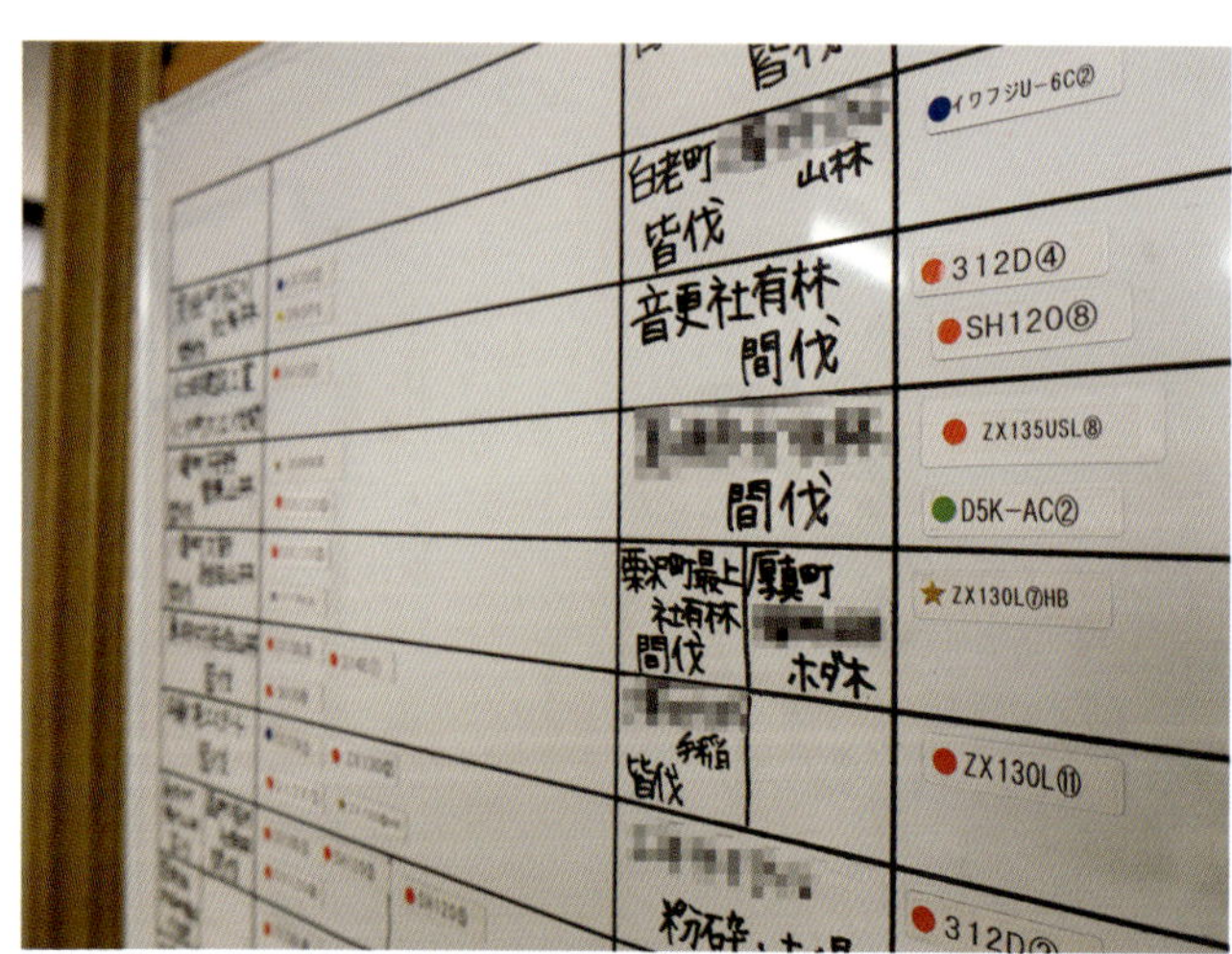

現場ごとの重機の配置状況が一目瞭然

角田義弘さん
千歳林業㈱取締役会長。「社有林からの伐出量は全体の20%。これを高めて、いずれは社有林で切り盛りしていきたいですね」

栃木幸広さん
千歳林業㈱代表取締役。「現場は20カ所くらい同時に動いています。北海道は広いので、メンバー配置、運材トラックの配車が難しいですね」

## 「木のデパート」多樹種・多規格の即納を目指す

札幌から西におよそ100㎞。リゾート地として有名なニセコを擁する町の一つ、倶知安町（くっちゃんちょう）が千歳林業の本拠地です。千歳林業は、それまで森林組合で課長を務めていた角田義弘さん（現会長）が1988年に創業した林業事業体。創業後まもなく現社長の栃木幸広さんも加わり、当初は4～5人という小所帯でしたが、2003年のハーベスタ導入を契機に機械化を進め、「作業コストが下がり、事業量も増え、若い従業員が増えてきました」。この頃から山林（社有林）の取得も本格化。創業から30年を経た現在では総勢90人を超え、素材生産量は年間8万5000㎥、社有林1万8000haという規模にまで拡大しました。事業エリアも北海道各地に広がり、倶知安町に本社、岩見沢市、白老町に支店を置いて、素材生産・

# スピードと正確性を追い求めて

▲この日の現場を担当したみなさん。シイタケ原木（チェーンソー伐倒）がメインでカラマツ（ハーベスタ）が少々という現場でした
▼ハーベスタはポンセ社のH6が5台。ベースマシンは0.45～0.55㎥クラス。グリスアップ時に各部をこまめに点検。「たったボルト1本の緩みが故障に繋がることも。現場が止まり、修理代に何十万円とかかりますから」

藤原豊さん（36歳）
ハーベスタのオペレータにして取締役部長。収益を生み出す腕は同社の誰もが認めるところ。「ハーベスタだけでなく、常に全体の効率を考えています」

森林整備を行っています。

　千歳林業が掲げる同社のキャッチフレーズは、「木のデパート」。トドマツ、カラマツ、スギ、エゾマツといった針葉樹と、ナラ、カバ、セン、ブナなどの広葉樹。これら多樹種・多規格の材を、注文に応じて即納する。これが千歳林業が目指す経営です。

「何でも伐ってしまってから引き取ってもらうのでは面白くない。注文を受けてすぐに伐り出す。ここが今後の鍵になると感じています。今はそのための準備段階で、社有林の資源調査を進めています。そして一番大事なのは路網整備。しっかりした道があれば、注文を受けて1週間～半月で納材できますから」

## 「1分1秒の世界」

「トラックがどこまで入れるのか。それなら土場はどこに作るか。そこまでの集材はどうするか。集材路はどこへどこまで入れるか。こういう具合に逆算して考えます」

　着工前に考える段取り、つまり路網開設を含めた伐出計画の考え方について話すのは、ハーベスタの操縦を担当する藤原豊さん。36歳ながら、取締役部長に任命されています。血縁関係ではなく純粋に実績によるもので、名実ともにいわゆる〝稼ぎ頭〟なのです。

「根っからのハーベスタ乗り」。こう自分を評する藤原さんは、高校卒業後に入社して歴19年。最初の3年は作業道を開設する担当だったものの、「明日からハーベスタに乗れ、って。ボタンを押したら動くから、って言われて」。それ以来、ハーベスタ一筋です。

「現場はチームプレイだけど、ある意味自分との戦いなんですよね。誰も追いつけないスピードと正確性を極めたいと思って。まだだ、もっとできるはずだ、と。1分1秒の世界。トイレに行く時間さえもったいなくてね。やらされているわけじゃなくて、自分がやりたいだけ。夢中になれるから楽しいですよ」。

# 現場全体の生産性を最大化する

グラップルで全幹集材。集材距離が長ければ造材後にフォワーダで運びます

ハーベスタでの伐倒。倒す向きによって、枝払いで流す方向やグラップル集材に影響を与えるので「伐倒方向の正確性が求められます」

土場でハーベスタ造材。短材を自機近くに、長材は離れた位置に積むことで、余計にアームを動かす無駄を省いています

▶「持ち上げた瞬間に、３玉分くらいの曲がりを判断しています。見えない曲がりでも、材を流した時のヘッドのちょっとした動きで分かります。実際は、12尺くらいまで一気に流して、曲がりがなければそのまま落とす。曲がっていたら戻して別の規格を採る。規格はボタンごとに30種類登録できます（12頁）。トドマツ、スギ、雑木が混在する現場なら、それくらい必要になります。操作は体に染みついているので、いつ、どのボタンを押しているのかと聞かれてもうまく答えられません」

## 川の流れのように進めたい

千歳林業での針葉樹材生産の一般的な作業システム（民有林）は、ハーベスタで伐倒・枝払い、土場までグラップルで全幹集材、ハーベスタで造材、多い時には10種以上の規格に分けて椪積み、その山土場まで11ｔトラックを入れて納材先へ一気に運ぶスタイルです。

ハーベスタを操縦するからには、それら現場全体の工程を考える責任がある、というのが藤原さんのポリシーです。なぜなら、伐出の全工程の中で、ハーベスタが担う作業の生産性が最も高いからです。例えば、「ハーベスタ伐倒なら、僕は1日8時間で450本倒すんですよ。もちろん現場の条件によって増減しますけど、最高では10時間で800本伐ったこともあります」。

この生産性を無駄にせず現場全体で最大化するには、「どう段取ればいいか」。段取り通りに進まない時にも、「いかにトラブルに対処するか」。そして、「会社の利益をさらに上げるにはどうすればいいか」。こういう考えを、日々自分に課している藤原さんです。

「最後まで川の流れのようにスムーズに進めたいじゃないですか。そのためには各々がどう動けばいいかと、現場全体を見られればいいんですよ。僕はたまたまハーベスタに乗っ

▶種田千樫さん（50歳）
「グラップルと違って、ハーベスタはボタンがいっぱいあるので難しいですね」。目下の課題は「爪を開きながら材をスムーズに送ること」

年長の種田さんにハーベスタの技を伝授する藤原さん。「みんなが乗れるようになって会社が儲かれば、自分たちも楽になるはずです」

▼事前に材積調査を行い（上写真）、その結果をもとに作る収支予算書。緻密に細分化された計上種目が目を惹きます。「ここまでやらないと商売にならない（角田会長）」「これがないと現場も目標が立たない。オペレータ自身が作ることもあります（栃木社長）」

調査材積内容（標準地調査）＋全木調査

厚真町字豊沢

| 林小班 | 樹種 | 林令 | 小班面積 | 裸地面積 | 立木地面積 | 成育樹種 | 標準地面積 | 標準地内本数 | 調査材積 | 平均胸高直径 | 平均樹高 | ha当本数 | ha当材積 | 調査材積内容 22(16cm)以下 本数 | 22(16cm)以下 材積 | 24(26cm)上:A 本数 | 24(26cm)上:A 材積 | 24(22cm)上:B 本数 | 24(22cm)上:B 材積 | 24(18cm)上:C 本数 | 24(18cm)上:C 材積 | 評価無:パルプ 本数 | 評価無:パルプ 材積 | 合計 本数 | 合計 材積 | 単材積 | 調査年月日 | 備考 |
|---|---|---|---|---|---|---|---|---|---|---|---|---|---|---|---|---|---|---|---|---|---|---|---|---|---|---|---|---|
| 90-22 | カラマツ | 54 | 0.24 | | 0.56 | カラマツ | 0.56 | 237 | 115.4 | 23.7 | 21.4 | 423 | 115.4 | | | 39 | 33.5 | 84 | 49.0 | 77 | 25.0 | 37 | 7.9 | 237 | 115.4 | 0.487 | 2017.11.15 | 全木調査 |
| 90-23 | カラマツ | 53 | 0.16 | | | | | | | | | | | | | | | | | | | | | | | | | |
| 90-320 | カラマツ | 50 | 0.08 | | | | | | | | | | | | | | | | | | | | | | | | | |
| 90-321 | カラマツ | 49 | 0.08 | | | | | | | | | | | | | | | | | | | | | | | | | |
| 90-4 | カラマツ | 59 | 0.08 | | 0.24 | カラマツ | 0.24 | 139 | 104.0 | 29.6 | 22.0 | 579 | 433.2 | | | 28 | 25.4 | 83 | 62.8 | 19 | 11.1 | 9 | 4.7 | 139 | 104.0 | 0.748 | 2017.11.15 | 全木調査 |
| 90-5 | カラマツ | 55 | 0.16 | | | | | | | | | | | | | | | | | | | | | | | | | |
| 90-24 | T-L | 37 | 1.24 | | 1.24 | ナラ類 | 0.08 | 51 | 9.367 | 16.5 | 15.1 | 638 | 117.1 | 682 | 92.1 | | | | | 78 | 34.3 | 31 | 18.7 | 791 | 145.2 | 0.184 | 2017.11.15 | |
| | | | | | | 他雑木 | | 17 | 1.334 | 12.5 | 12.2 | 213 | 16.7 | 264 | 20.7 | | | | | | | | | 264 | 20.7 | 0.078 | | |
| 90-21 | T-L | 75 | 3.20 | 0.27 | 2.61 | ナラ類 | 0.08 | 47 | 4.457 | 13.3 | 13.2 | 588 | 55.7 | 1,533 | 145.4 | | | | | | | | | 1,533 | 145.4 | 0.095 | 2017.11.15 | 林齢若い |
| | | | | | | 他雑木 | | 35 | 3.700 | 13.7 | 13.5 | 438 | 46.3 | 1,142 | 120.7 | | | | | | | | | 1,142 | 120.7 | 0.106 | | |
| | | | | | 0.32 | ナラ類 | 0.04 | 9 | 4.703 | 25.1 | 20.2 | 225 | 117.6 | 32 | 7.2 | | | 32 | 25.5 | 8 | 4.9 | | | 72 | 37.6 | 0.523 | 2017.11.15 | 林齢75年 |
| | | | | | | 他雑木 | | 14 | 3.324 | 17.9 | 15.1 | 350 | 83.1 | 80 | 9.1 | | | | | | | 32 | 17.5 | 112 | 26.6 | 0.237 | | |
| 計 | | | 5.24 | 0.27 | 4.97 | | 1.00 | | | | | | 144.0 | 3,733 | 395.2 | 67 | 58.8 | 199 | 137.3 | 182 | 75.4 | 109 | 48.8 | 4,289 | 715.5 | 0.167 | | |

## 収支予算書

発注者　　事業箇所　厚真町字豊沢　事業名　しいたけ原木　数量　4.97 ha　カラ・T-L　本

売上予定額

| 種目 | 数量(単位) | 単価 | 金額 |
|---|---|---|---|
| しいたけ原木17,000本(153㎥) | 17,000 本 | | |
| 薪1,600本(21㎥) | 1,600 本 | | |
| カラマツ 用材 1.90m～4.00m | 100.0 m3 | | |
| カラマツ KP バイオ 2.30m | 64.5 m3 | | |
| L用材 | 10.0 m3 | | |
| LP ニチモク林産由仁 | 99.0 m3 | | |
| しいたけ原木 | 153.0 m3 | | |
| 薪 | 20.8 m3 | | |

実行予算額

| 種目 | 数量(単位) | 単価 | 金額 |
|---|---|---|---|
| 原木伐採請負 | 18,600 本 | | |
| 小運搬・2.5tキャリア　日/1,900本 | 10.0 日 | | |
| 中出し補助　普通作業員C | 10.0 人 | | |
| カラ376本伐倒・枝払い・玉切ハーベスター | 4.0 台 | | |
| 集材費・0.45グラップル | 2.0 台 | | |
| 巻立費・0.45グラップル | 2.0 台 | | |
| 雑木1,590本　チェンソー作業員C日/200本 | 8.0 人 | | |
| 集材費・0.45グラップル　日/50㎥ | 5.0 台 | | |
| 巻立費・0.45グラップル　土場伐り | 4.0 回 | | |
| 土場伐り　チェンソー作業員C 日/30㎥ | 8.0 人 | | |
| 原木積込作業 | | | |
| 0.45グラップル | 3.0 台 | | |
| 積込作業補助　普通作業員C | 6.0 人 | | |
| 積込作業 | 273.5 m3 | | |

ていますけど、グラップルでもチェーンソーマンでも、そうやって現場を導ける人がリーダーになればいいと思います」

## 経営も現場も在庫の把握から

同社が目標とする受注生産を実現するには、立木の在庫（経営資源）の把握が必須です。道内各地にある社有林では、モニタリング調査を実施中。「年間成長量は、樹種や条件によって異なりますが、よければ10㎥／ha。5～6㎥／haはかたい」と、机上の計算ではなく実測に基づく数値だからこそ、角田会長はきっぱりと言い切ります。

調査に基づく数値が経営戦略や事業計画のベースとなるのと同様、各現場の仕事も綿密な調査から始まります。標準地、時には全木調査によって樹種ごとに胸高直径別本数、総材積を求め、「どういう材がどれくらい出てくるかの予測、売上と経費の予測も立てて収支予算書（上写真）を作ります」と栃木社長。

それらの理由や根拠の説明書きも加え、社内の決裁が下りて、晴れて着工となります。

この収支予算書は現場とも共有します。現場ではハーベスタのオペレータがリーダーとなることが多いのですが、予算書通りに仕上げられるかどうかが腕の見せどころとなります。

重機の滑り止め３タイプ。金属の履帯には鋼材を溶接（上・中）。ゴムクローラにはチェーン（下）。作業道を作る際は「土と雪を混ぜる。これにシバレ（凍結）が入ると強固な路盤になりますよ」

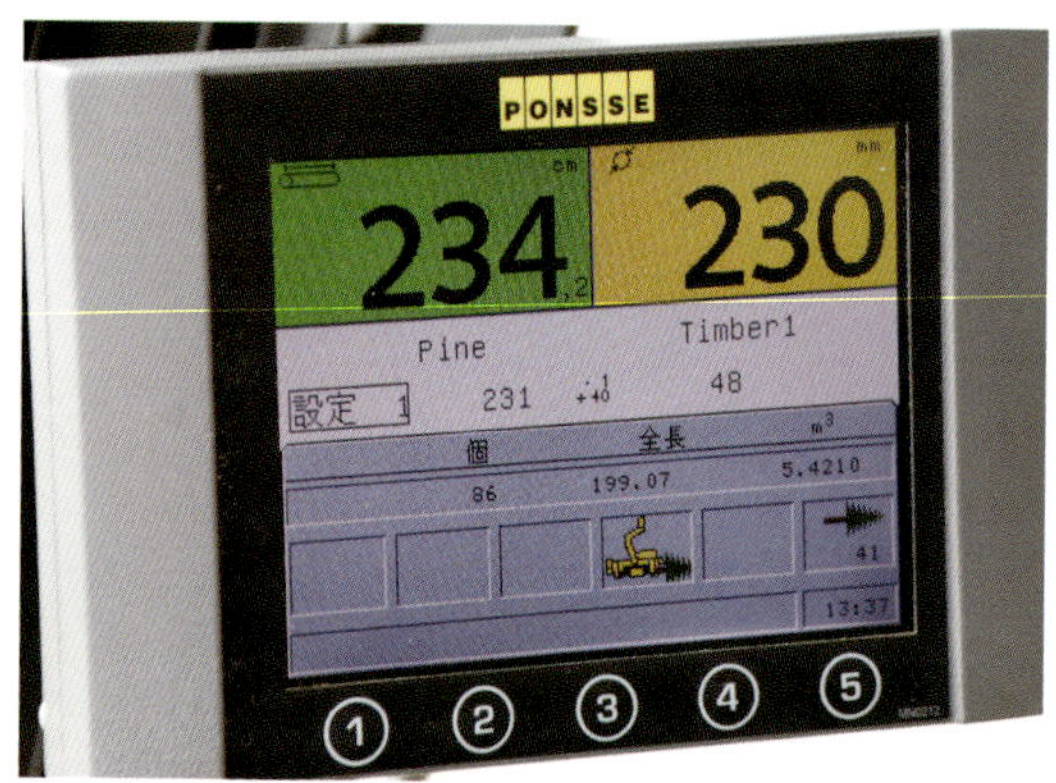


採材寸が表示される画面（写真左）。材長が234cm、直径が230mmと出ています。採材の規格を各ボタンに登録し（写真右／親指の位置）、そのボタンを押せば規格通りの材が採れる位置まで自動で材を送ってくれます。「誤差の許容範囲も設定してあるので、迷うことなくピタッと止まります。そこでチェーンソーのボタンを押して造材します」。また、造材した材積の合計値も表示されるので、1日の出来高も把握できます。「太くて伸びのあるトドマツだと1日に250㎥ほどいったかな」

# 商品生産の最前線

▶雪深い時はグラップルなどで地際を掘った後、「ドーン」と落とすようにしてできるだけ低い位置にハーベスタをセット（左）。そのため、ソーバーの格納部分に雪が溜まりやすく（中）、特に「この部分（右）はモーターの熱で溶けた雪が凍り付きやすいので、こまめに取り除きます。〝北海道あるある〟ですね」

## 「商品作り」のハイテクマシン

オペレータの腕次第で収支が左右されるという話は、現場全体の段取りに加えて、1本の立木からいかに多くの売上を出すかという採材の巧拙も深く関係しています。

「実は、価値の低い木の方が難しいんですよ。例えば、全部パルプ（C材）にしないで、その中からいかに合板クラス（B材）を出すか。吟味するので時間もかかりますしね」と藤原さん。さらにこうも加えました。「スピードと正確性を極めたいと言いましたけど、もちろん造材もそうなんですよ。だって、造材は商品作りですから。一目できれいかどうかが分かるし、節や曲がりの有無、長さのずれとか、そういう正確性は会社の信用に直接関わるものです。お客さんからクレームが来た時に自分で修正できればいいんですけど、繰り返して『もう要りません』と言われたらおしまいです」。

つまり、ハーベスタは単なる機械ではなく、商品の価値を生み出す・決める重要工程を担っている、と言えるでしょう。

「お客さんから、良い木を入れてもらった、と言われると、やっぱり嬉しいですよね」

ちょっと照れたような表情に、「根っからのハーベスタ乗り」の心意気が感じられたのです。

特集

# 北欧に学ぶ 重機オペレータのテクニックと安全確保術

特集　序

## オペレータは商品づくりの最前線とサプライチェーン情報発信を担う

（編集部）

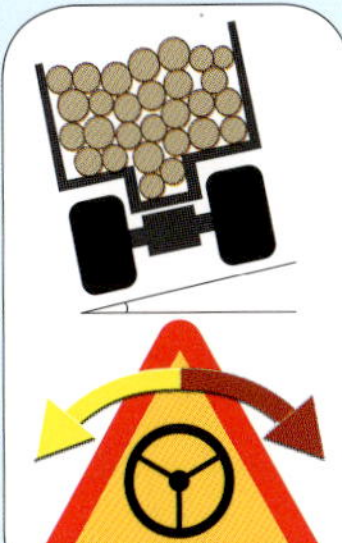

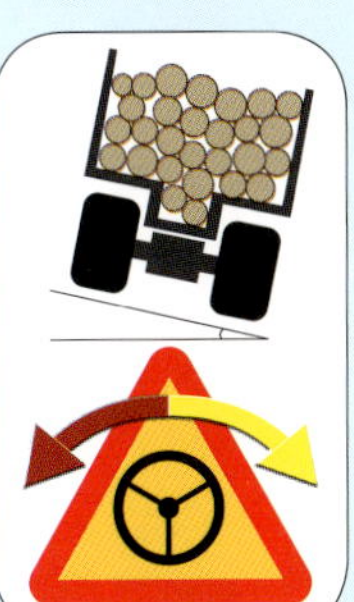

特集1

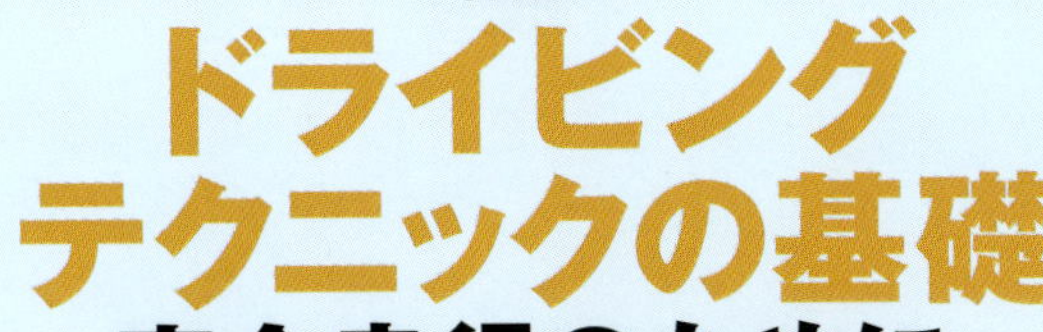

## ドライビングテクニックの基礎

安全走行のために

特集2

## ハーベスタ・フォワーダの伐出作業

価値を高める伐採・造材・搬出

特集3

## メカ理解とメンテナンステクニック

保守・点検・維持・管理

特集4

## コミュニケーションと情報管理

言葉、図面・ビジュアル、テープ、メッセージ共有

特集5

## 人間理解に基づく安全技術

機械取り扱い、作業の安全とチームワーク構築術

# オペレータは商品づくりの最前線とサプライチェーン情報発信を担う

特集 序

（編集部）

## 徹底活用で、ハーベスタ1台で年間3万㎥弱生産も

北欧の林業現場ではチェーンソー伐倒は少なく、ハーベスタ伐倒、フォーワーダ集材に代表される重機システムが主流です（オーストリアは日本同様チェーンソー伐倒主流）。

しかも機械の稼働率や生産量が日本をはるかに上回っています。例えば、フィンランドでは、

・ハーベスタおよびフォワーダがそれぞれ2500台保有。

・ハーベスタは年間2万7000㎥／1台当たりの生産量。

・フォワーダは年間2万6000㎥／1台当たりの集材量。

となっています（酒井、2018）。

フォワーダは車重12～20tの規格が主流です（フィンランドは国土面積33万㎢、森林面積2200万ha余りと日本並み、人口は550万人ほど）。

北欧ではオペレータは林業会社等に雇用される形態のほか、自分で機械を保有する自営形態もかなりあるようです。

ハーベスタ1台で年間3万㎥弱の生産量といえば、日本の中堅事業体の年間生産量にも匹敵する量であり、いかにハーベスタが動いているかが想像できます。

## オペレータは商品づくり、サプライチェーンの起点を担う

北欧などの機械生産システムはハーベスタ伐倒・玉切り、それをフォワーダで集材という伐出です。林内にもどんどん機械が入って作業しますから、地形条件が違う日本に比べ、生産性は上がります。

しかし、重機による伐出は生産量・生産性を上げることよりもむしろいかに高く売れる材を生産するか、価値創造の作業と位置づけられています。それを示すのが、プログラムされた価格表を元にした正確なハーベスタの採材・造材です。

すなわち、ハーベスタ作業は価値ある商品（顧客から受注する材）づくりの最前線であり、サプライチェーンの起点となる重要な仕事という位置づけです。

ハーベスタは顧客が求めるもっとも価値ある（高く売れる）材を自動計測・最適造材するシステムを備えています。したがって現場ではさまざまな規格の材（建築用材、パルプ用材等）が同時に生産され、それぞれの規格で最適価格で造材することがハーベスタ・オペレータの仕事となっています。

## 林業で注文生産取引を実現

これを理解するためには、林業という仕事をサプライチェーンの違いから見ておく必要があります。欧州（とくに北欧）では材の納品先が決まっている中での現場伐出という、いわば注文生産方式です。日本の原木市場に当たる取引市場が存在しません。いわゆる直送方式です。

日本では、小規模な自伐等の形態をのぞけば、注文生産という林業形態はまだ広がってはいません（本書・現場訪問の「千歳林業」は数少ない事例です／7頁参照）。

傾斜地に対応したハーベスタ機種も登場してきています。
コマツフォレスト社製ハーベスタ（右）
エコログ社製ハーベスタ（左）

一般論で言えば、林業は在庫機能を備えない見込生産という、製造業的に見ればやや変則的な形態です（製造業の見込生産は、在庫機能を備え、顧客注文のリードタイムを短縮したり、見込みの成否で市場を有利に勝ち取るやり方）。そのためサプライチェーン構築へといま全国各地で努力しているところであり、その土台が伐出情報を川上・川下で共有するしくみです。

課題は、素材生産現場と流通・加工の連携です。例えば、「たくさん丸太ができたから買ってくれ」と言われたら、需要者側はどう受け止めるでしょう。

製材工場の立場で見れば、

・原木の納期・納品（量）が見込めない。

・原木発注から納品までのリードタイムがもともと林業は長い（必要となってから発注しても全く間に合わない）。

と林業側を見ていても仕方ない状況です。

そのため、在庫で対応せざるを得ず、製材工場の丸太在庫は製造業のなかでは在庫日数が長く、その分、運転資金確保（資金繰り）の負担がかかる業態となっています。

マクロ的（全体的）に見れば、上記の納期・納品が見込めず、かつ発注しても納品までの時間（リードタイム）が長いため、国産材が市場を確保できなかった、と解釈されています（価格の問題ではありません）。

いつ、どんな材がどれだけ伐出されるのかの情報が共有されたり、リードタイムを短縮できれば、国産材の納期・納品への需要者側の信頼を高めることにつながるでしょう。

## IoTで伐出データをリアルタイム共有 ―ハーベスタ・フォワーダ搭載PC、クラウドシステム

伐出情報の共有というサプライチェーンマネジメントの土台は、欧州ではリアルタイム化が実現しています。すなわち、重機搭載のPCによるIoT化、伐出リアルタイムデータの共有化です。

例えば、ハーベスタで伐倒、造材した1本・1玉について、樹種、材長、径級データなどについて自動的に記録ファイルが作成され、オンラインでクラウドにデータが送られます。フォワーダについても同様で、移動場所のデータ（GPS）なども記録（レポート）が作成され、クラウドに送信されます。クラウドを伐出事業者・管理者のみならず、運送事業者、製材工場など需要者などが閲覧したり、データを読み込めます。材の生産に関する透明情報をリアルタイムで完全共有できる仕組みができています。ハーベスタは材（商品）の生産起点であり、フォワーダは材の納品情報発信起点という、サプライチェーンの一端を担います。

また、逆に林業会社の営業担当から、顧客から受注した材のデータをハーベスタに送り、オペレータはそれに従って生産することも可能です。現場起点の完全受注生産という取引形態を可能にする技術進化、マネジメントができています。

こうしてみると、ハーベスタやフォワーダといった高性能林業機械は材を高性能・高能率で伐出する機械というだけではなく、商品

### ハーベスタはIoTデータの発信基地 StanForD 2010 システム搭載

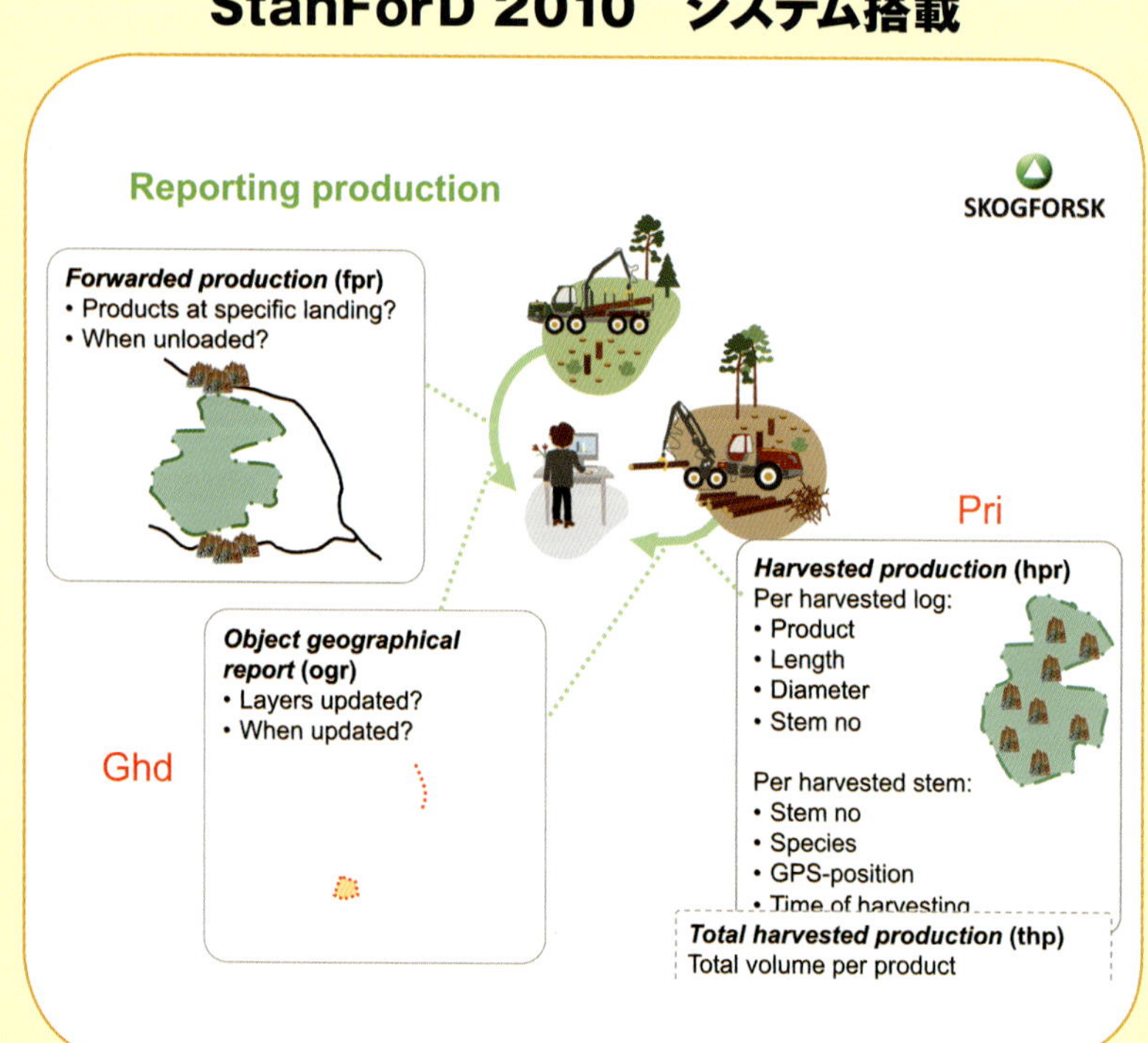


資料:J.Arlingerら「StanForD 2010-modern communication with forest machines」Forestry Research Institute of Sweden）

◀スウェーデン森林研究所で開発されたIoTデータ統一フォーマットStanForD 2010（旧StanFordの改訂最新版）のデータ収集機能。1玉単位のIoTデータの蓄積データをオンラインで送受信するための書式（XML言語を使用）が使われる。

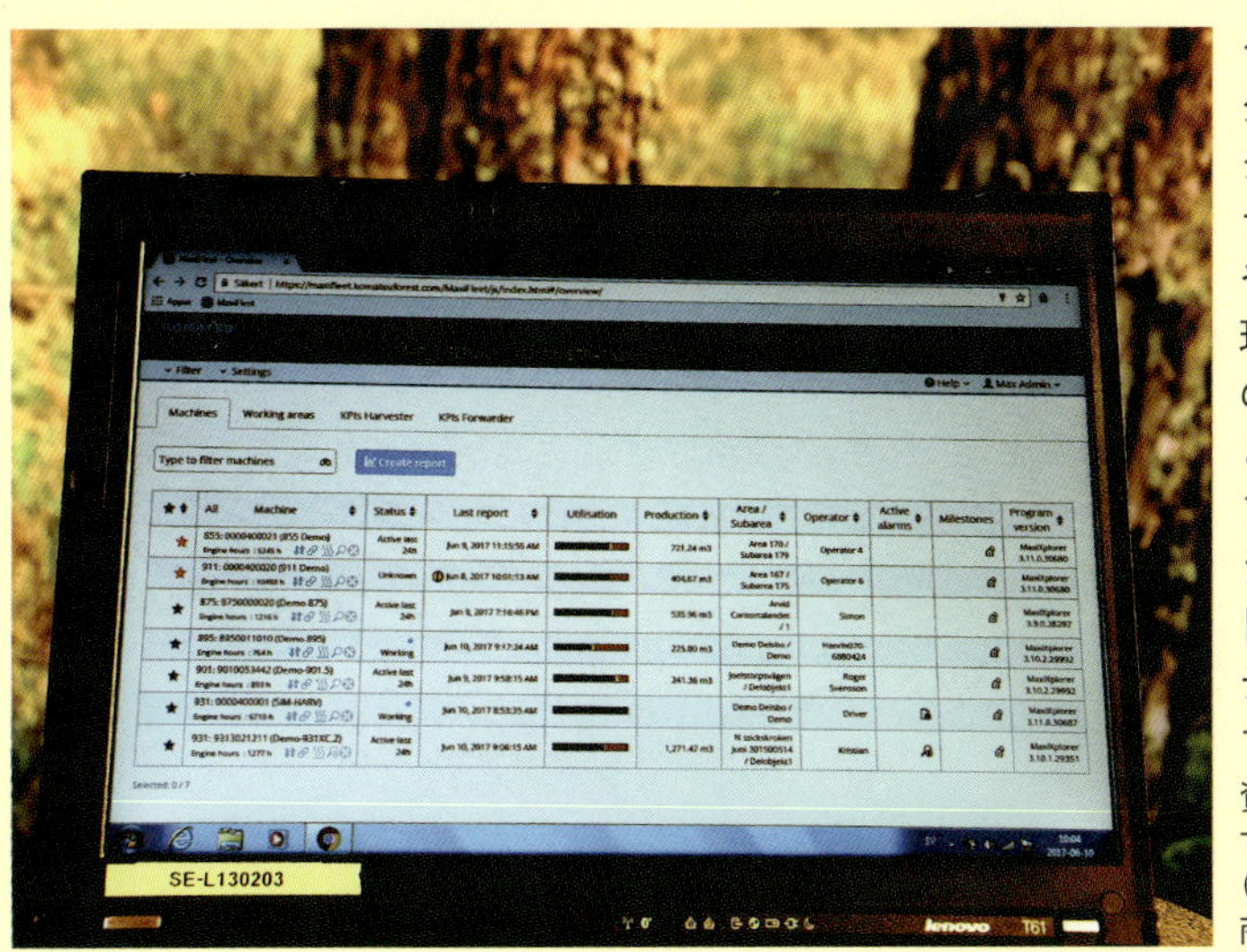


◀ハーベスタ、フォワーダから受け取ったデータを集積・管理するクラウドシステム。PCやスマホなどの画面で、現場で稼働する機械毎のデータを取り出すことができます。コマツフォレスト社製のマキシフリートの画面より。

▶ハーベスタのIoTデータを作成・送受信するシステム。

資料：コマツフォレスト社製のマキシ・エクスプローラ（Komatsu Forest AB商品カタログ）

情報の発信基地と見ることもできます。

オペレータの職務はそれだけ重要であり、材（商品）の価値をいかに上げるかという知識やスキルが求められる仕事と言えましょう。欧州でオペレータ教育への需要が高まっているのもそんな理由からです。

## 欧州のオペレータ教育事情
## ―シミュレータも活躍

本書で紹介するEU林業機械オペレータ教育の教材『ワーキング・イン・ハーベスティング・チーム』（詳細は本書18、21頁参照）の著者、ペル＝エリック・ペルソン氏は、スウェーデンのオペレータ教育について、次のようなコメントを本書編集部へ寄せてくれました。

「スウェーデンで林業教育機関（フォレストワーカー育成レベル）にやってくる若者は都会育ちで、林業の仕事に対する知識はほとんどない。以前に比べ、林業関係教育機関の役割は大きくなっており、林業生産技術を担う若者への期待に応えるための努力が求められている。

教育では、学生は従来に比べ、より多くのの実習、トレーニングが必要とされる」

「オペレータの実習では、シミュレーションを使った教育が重要視され、普及してきている。私自身が以前参加した技術会議（ドイツ

オペレータ教育では、さまざまなシミュレーション実習装置が使われています。写真は、モデル展示例（※Elmia Wood 2017／スウェーデン）。

## 『ワーキング・イン・ハーベスティング・チーム』表紙（上・下巻）ペル＝エリック・ペルソン著

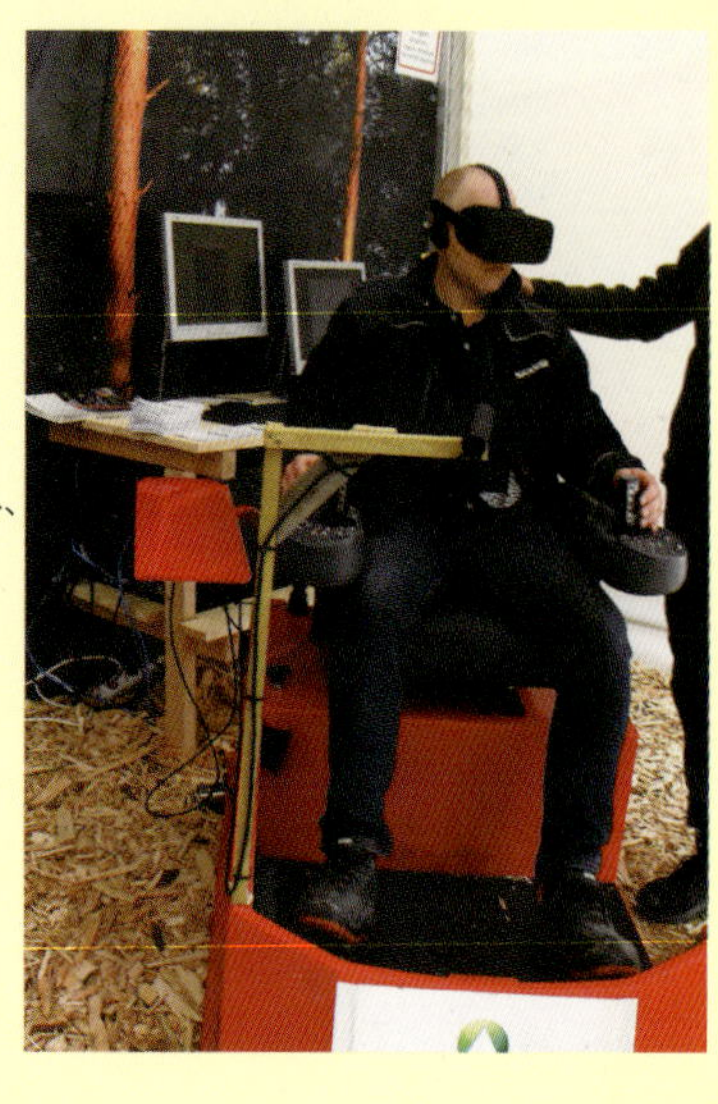

VR（バーチャルリアリティで３次元体感）のハーベスタ・シミュレーター

※Elmia Wood 2017／スウェーデンで4年に1回開催される世界最大規模の林業機械展示会。直近では2017年に開催され、世界28カ国から555社が出展した。

で開催）において、ポンセ（林業機械メーカー）のシミュレーターの評判を聞いた。学生は伐出計画（本書40頁に紹介）を学ぶことができるソフトが組み込まれており、非常に効果的だ」

## 本書で紹介するEUのオペレータ教育教材—『ワーキング・イン・ハーベスティング・チーム』

ＥＵは林業機械オペレータ養成の研修システムを開発し、ＥＵ域内の研修生を対象に実施しています（ＥＵ予算で実施）。TOOLS FOR SKILLSという名称の学習システムです。

これは、ＥＵ内の森林で働く（雇用を希望する）者を対象に、林業機械オペレータのスキルや業務レベルの専門用語読解力（とくに英語が話せない者を対象に）を高め、雇用の機会を増やすことを目的としています。

この研修システムでは、オンライン学習ツールが用意されていて、その教材となっているのが、本書で紹介する『ワーキング・イン・ハーベスティング・チーム』（原題：Working in Harvesting Teams）です。

著者は、ペル＝エリック・ペルソン氏。林業機械オペレータで働いた経験を持ち、その後スウェーデンの林業教育機関で指導者を務めています。また、欧州の林業や労働環境などの調査・研究、執筆の実績を持っています。そのペルソン氏が長年の現場調査、分析を元に著したのが本書です。

## ＥＵのオペレータ教育の教材

ＥＵが実施する林業機械オペレータ学習システム（TOOLS FOR SKILLS）の１例を見ると、

・学習期間は6週間ほど。
・オンライン学習（本書で紹介する教材）のほか実習もあり、カリキュラム例は、次のとおり。
・重機の基本ドライビング（走行）技術。
・チェーンソー実習（技術認証を取得）。
・ローダ等の操作実習。
・造林・育林の基本知識。
・重機上業務の実務（安全、チームワーク、造材価値の経営的知識、重機搭載のＰＣ操作、計測装置についての理解等）。

資料:TOOLS FOR SKILLS ECVET-unit: Mechanized Forestry -harvester

●教材のサイト
原著「Working in Harvesting Teams」は次よりダウンロードできます（英語）（申込みが必要／写真・図等の画像は保護されています）（EU補助事業）
http://mieab.se/en/tfs-2016/

# プロフェッショナルによるチームワークがもたらす高い安全性と生産性とは

## ―北欧のCTL作業システムのテキストから学ぶ―

金山町森林組合　狩谷健一

**本特集で紹介するスウェーデンのテキスト『ワーキング・イン・ハーベスティング・チーム』を現地で偶然見つけ、その内容と普段の作業の進め方にギャップを感じ、自分たちに何が必要かを分析・実践している狩谷健一参事（山形県・金山町森林組合）に、本書の特徴を紹介してもらいました（編集部）**

### スウェーデンの林業機械展示会で見つけたテキスト

私が『ワーキング・イン・ハーベスティング・チーム』に出会ったのは、スウェーデンで開催される世界で一番大きな林業機械展示会と言われるElmia Wood 2013に行った時でした。

その前回（2009年）に他の林業関係のテキストをお土産品売り場のようなブースで見つけ「スウェーデンのテキストは写真が多くてわかりやすいぞ」と意識して見てはいましたが、その時はなぜか買って帰りませんでした（編集部注：同展示会は4年おきに開催）。

そして2013年、再度訪問したElmia Woodでビール片手に歩いていたところ、大男2人がテントのないブースでテーブルに本を並べているのを見つけて近寄ると「日本人か？」と声を掛けられました。

結構な値段の本であることはわかりましたが、成り立たない会話を10分もしたでしょうか、気が付くとなぜかPart1、Part2、Biomass編（Part2の抜粋）の3冊を手にしていました。

この本のコンセプトは、ビギナーを支援するために、プロフェッショナルには日々の仕事のサポートを、マネージャーには指導するための教科書として、経営層には現場マニュアルとして、森林所有者には現場作業を知るために書かれています。

22のチャプターからなる内容は、林業を生業とする技術者に必要な森林生態系の基礎知識から林業機械の使い方、作業で気をつけなければいけないこと、労働安全に至るまで、基礎から高度な作業技術まで網羅的で多岐にわたります。

この本で特徴的なのは、国境の往来が自由なユーロ圏において、言葉や習慣の違う現場

狩谷健一　東京都出身。平成6年に何かの縁で金山町森林組合に就業、平成11年に総務課長、現・参事。認定森林施業プランナー、フォレストマネージャー、林業技師。農中森力基金（平成27～28年度）をきっかけに航空レーザ計測等のICT林業技術と出会い、平成29年度より最上・金山地域の林業成長産業化地域創出モデル事業に取り組む。

Elmia Woodでは、林業機械や木材トラックの展示・デモに加えて、書籍や防護衣、手持ちの道具、林業機械のおもちゃなど様々な小物も展示・販売される。2017年には延べ約5万人が来場した

技能者が共通して知っておくべき知識、守らなければならないルールをリアルな写真やイラスト、気の利いたアイコンで誰にも分かりやすく示してくれています。

## チームワークが発揮されるために必要な共通認識

ともすれば、私たち日本人は、言葉も文化も同じようなところで生まれ育ち「そのくらいわかるだろう、見てわからないのか」といった日本文化独特の「察しや忖度」を枕詞に、若いフォレストワーカーに知識や技術を「当たり前」のこととして、言葉足らずに指導することが多々あります。

若いフォレストワーカーにしてみれば、それこそ外国語だったはずです。私も大いに反省しなければならないところです。

これまで、私たち現場で働く林業技能者の間では、ヨーロッパの生産性の高さを、気候や地形、樹種や林業機械の違いが大きな要因であるのではないかと一般的に論じられてきました。ところが、この本と出会うことによって、ヨーロッパの生産性の高さは、現場技能者が必要な共通認識として、基本的な知識や技術を学び、現場で果たすべき自分の役割、責任を理解しているプロフェッショナルによるチームワーク（協働作業）が成立していることが、大きな違いではないかと感じています。

また、チームワークで重要な現場でのコミュニケーションも、危険な場所の周辺の伐根は高くしてペインティングし、フォワーダが侵入しないようにしたり、目印のリボンは風によってヒラヒラさせたりすることによって、オペレータの視認性を向上させるといった、文字や言葉以外のコミュニケーションの手段について定義づけているところは、チームワークには必須の技術だと気づかされます。

タイトルの『ワーキング・イン・ハーベスティング・チーム』は、伐採現場で生産性の高いチームワークを作るためのルールであると私なりに解釈しています。

金山町森林組合も、少しずつですが海を越えたこれらの技術を吸収して、組織全体に留まらず、地域全体に普及していくことで、より安全で生産性の高いチームを目指し、林業が地域の中で成長産業となるために貢献していきたいと考えています。

近い将来、日本の林業に向けたこのような本が、多くの人の協力によってまとめられ、林業に関わる多くのステークホルダーの皆さんに読まれることを期待します。

原著
『Working in Harvesting Teams』

**本特集は、EUで使われる
ペル＝エリック・ペルソンさんの著作
『ワーキング・イン・
ハーベスティング・チーム』の
内容を翻訳、日本の読者向けに
編集したものです。**

**翻訳出版を全林協から刊行予定
（2018）**

## EU教材『ワーキング・イン・ハーベスティング・チーム』の特色

EUのオペレータ教育システムの教材として使われるのが本書です。林業機械オペレータとして現場経験を経て、スウェーデンの林業教育機関で指導者・講師として活躍してきたのが著者ペル＝エリック・ペルソンさんです。現場で働く人が読める教科書がほしいというのが執筆の大きな動機でした。

本書は、従って現場人の立場に立ち、その気持ちを踏まえて実践的に記述されているのが最大の特色です。

特色をまとめました。

●安全な作業に対する一貫した姿勢、具体的な記述

●オペレータは会社の顔であり、自分の仕事に対するプライドとその裏付けとなる技術力を常に向上させる姿勢を求める

●チームワークの重要性

本書の原タイトルにはチームという言葉が入っており、チームワークに関する記述も多い

ここで言うチームワークとは、仕事の分担上という意味ではなく、

・1人1人が自分の責任及び他者への安全配慮を実行し、全体で職場の安全を達成するためのチームワーク。

・プロフェッショナルとしての技術、経験、現場で発見した知見、経験則などを共有するためのチームワーク。

を意味しています。

## 本書をお読みになる前の留意点

本書は北欧の安全規則に基づいて編集されたものです。高性能林業機械作業に当たっては、日本の規定・ルールに従って、安全第一で作業を続けていただけたらと思います。

本書は、安全の規定やルールを論じたり、解説したものではありません。

安全のための意識改革、考え方、技術的配慮、作業の工夫などを実践をもとに解説したものです。使う機械や現場環境は違えども、普遍的に共通する大事なことが書かれている本です。林業を目指すEUの若い人たちに読まれ、教材として採用されているのもそんな理由からでしょう。

◀『ワーキング・イン・ハーベスティング・チーム』著者ペル＝エリック・ペルソン氏（左は本会編集スタッフの本多）

# 特集1 ドライビングテクニックの基礎
## 重機オペレータの安全走行のために

ペル＝エリック・ペルソン／編集部訳

**林業機械の操作経験がそれほど多くない方に向けて、機械、特にフォワーダを運転する上で大事なポイントを解説します。（編集部）**

### 走行技術の基礎

下の図を見てください。この図は、林業機械を高速で走行させた時に発生するマイナス要素を示したものです（横軸：速度、縦軸：マイナス要素）。スピードを上げるほど搬出材積当たりの燃料消費（燃料代）が多くなります（黄色矢印線）。機械の振動も大きくなっています（赤色矢印線）。わずかな加速の違いが、乗り心地が悪くなるだけでなく経済性を損なうことに繋がります。

図の影の面は、スピードを出すとそれに伴って機械の損耗が激しくなり、修理代がかさむことを意味しています。この影の部分（機械の損耗）は、走行速度に加えてさまざまな要因で大きく変わってきます。例えば、平らで良好な道をほどほどの積載量で走行しているフォワーダよりも、斜面やぬかるんだ条件の悪い道を最大積載量で走行しているフォワーダの方が、高速走行時のマイナス要素が大きく、損耗を早めます。最悪の場合、影の面の上端のように、高額な費用を伴う故障が発生するかもしれません。

機械が故障すると大きな損害になることから、特に林業機械の操作経験がそれほど多くない方は、機械の性能を最大限引き出すことを意識するよりも、機械と〝親しくする〟ことを目指した方がよいでしょう。これは機械を限度いっぱい動かさなくてもいいことを意味します。一見、コスト高になると感じられますが、こうした機械との向き合い方は、十分な経験を積むまでの間は最も経済的であると言えます。非常に高価な機械はフル活用し

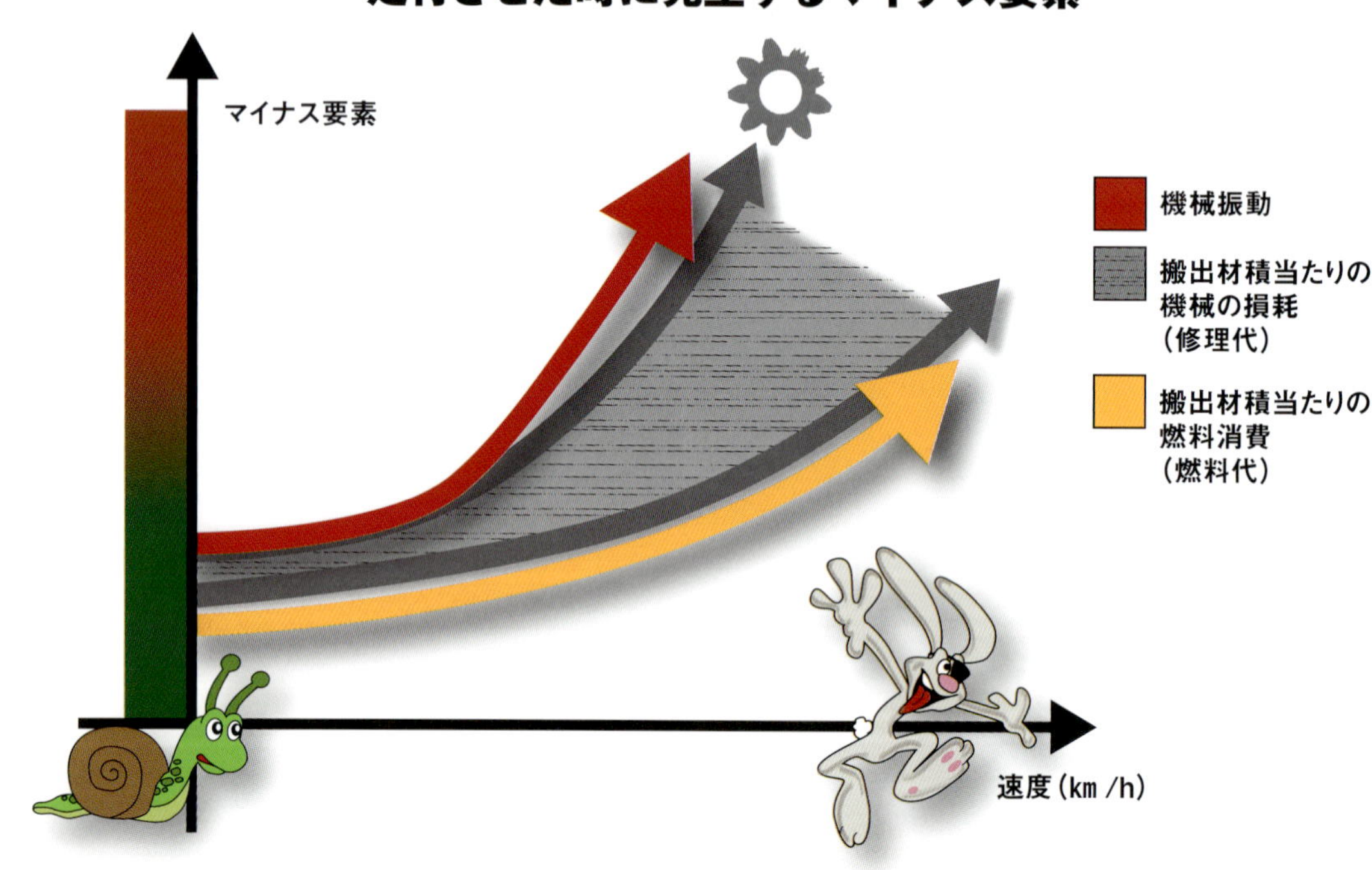

て、元を取らなければならないというプレッシャーもあるでしょうが、新人オペレータは、まずは最適な機械使用に関する知識を増やし、経験を積みながら注意深く作業することが大事です。

## 安全マージンをとる

機械を注意深く使用することは、安全マージン（安全性を確保するために持たされている余裕、ゆとり）を生み、悪い結果が起こるリスクを減らすことができます。反対に、斜面を不適切な速度で走行することは、シャシー（車両の足回り）やトランスミッションへの損傷にも繋がります。

安全マージンをとる例を挙げてみます。

・片勾配の道を走行する際は、ローダーを山側に伸ばして即席のカウンターウェイトとするべきです。面倒くさがらずに、地形の変化に合わせてその都度、ローダーの位置を調整するのが大事だということを覚えておきましょう。

・土壌の支持力の低い軟弱地盤では、積載量を減らしてスタックするリスクを小さくすることが大切です。

機械を用いた作業全般に言えることですが、作業を早く行うことよりも作業を慎重に行うことを心がけることが、結果的に安全性と経済的収益性が最大になるのです。

## 駆動系（エンジン・油圧トランスミッション等）を正しく使用する

次に、油圧トランスミッションの故障リスクと性質についてお話しします。

慎重で丁寧な運転は、トランスミッション、エンジンを含む駆動系の寿命を延ばします。具体的には、低めの（もしくはロー）ギアでかつ、かなり高めの回転数（rpm）で操作することです。一方、その反対（高めのギアで低回転数）では、燃料消費を抑えることができます。

油圧トランスミッション（静油圧式無段変速機）が破損すると、作業の停止に伴う損失とその影響が波及して、金額にして160～320万円にのぼることもあります。もちろん、その損失額は、故障の内容や交換部品によって変わってきますが、最悪なことは、油圧システム内に金属片が長期間残留してしまうことです。そうなると、システム全体に影響の出る大きなトラブルに繋がります。長く使うためには、油圧トランスミッションの扱いは慎重にするべきです。

例えば、急斜面を荷を満載にして登ったり、スタックしてしまったときなどに大きな負荷がかかり損傷につながります。また、下り坂を機械（車両）が高速で走行する（特に荷を満載している状態）ことも故障リスクを高め

油圧システムの主要部品であるエンジン、その動力を伝えるシリンダードラム、ピストンは、非常に大きな力がかかる部分です（写真は油圧モータの部分）。特にエンジンには、後述する〝エンジンブレーキ〟をかけたときに機械の全重量分の力がかかります

▶最も優秀なオペレータとは、常に穏やかで滑らかな運転をする人です

るのでやめましょう。こういった状況では、ギアが高すぎて過剰なスピードを出してしまうことにより故障が発生します。

他にも、荷を積んだ機械が段差や石などの障害物に乗り上げたときに大きな負荷がかかります（障害物が大きいほど負荷は大きくなります）。

機械操作時の故障リスクを低く抑えるためには、構成部品の性質や問題をよく理解することが必要です。

## 制動時に機械にかかる力

荷を満載した欧州の大型フォワーダの重量は40ｔにもなります。この機械が坂を登ろうとすると当然大きな力を必要としますが、下り坂で同じ重量の機械にブレーキをかけて止めるには、理論的には登りと同じだけの力が必要です。

下り坂では、ブレーキペダルに頼ることはせず、エンジンブレーキを常にしっかりとかけて、スピードをコントロールするようにしましょう。熟練オペレータともなると、ブレーキペダルをほとんど使いません！

駆動系の構成部品を故障させずに長持ちさせるポイントを以下に記します。

・ホイール式の場合は、接地圧がクローラ式に比べて高く、スリップしやすいため、よく手入れをしたバンドやチェーンをホイールに巻き付けてグリップ力を高めます。

・荷のけん引時でも十分にエンジンブレーキがかかるように、ギアを調整しておきましょう。

・エンジンの回転数が高くなりすぎるのもよくないです（２０００回転までに抑えるのが望ましい）。

急斜面をフォワーダが下り走行する際は、オペレータが低速かつ一定の速度を維持し、エンジンブレーキで減速できる程度の、低いギアにすることが鉄則です。これは、斜面が急勾配で機械にかかる力をすべてコントロールし続ける必要がある状態では、とりわけ重要です。斜面が急勾配になるほど、荷の重量が増すほど、低いギアを使用することを意識しましょう。

## 急斜面では—危機的状況でブレーキペダルを使用する

下り走行において、エンジンが空転を始めて（エンジンブレーキが効かない状態）、機械のスピードが過剰に上がってしまう危機的状況に陥った場合に、アクセルを不意に放して代わりにブレーキペダルを踏むことは危険行為です。

このような危機的状況では、25頁の左図のように

❶ブレーキペダルを踏みます（左足で！）

❷アクセルをかなりゆっくりと放します

**熟練者は下りも、登りも同じギアを使用する**

A　POWER

A = B

POWER

B

キャンピングトレーラーをけん引して登坂する車では、低いギアを使用するべきです。熟練ドライバーは、下りの際も同じギアを使います。これは、エンジンブレーキを効果的に利用するためであり、ブレーキペダルの使用を極力抑えることができます。仮に高いギアを使用すると、ペダルブレーキを多用することになります。そうするとブレーキは早く摩耗し、オーバーヒートによる損傷の可能性があります。斜面での林業機械の操作時も同様のことが当てはまります

という手順で制動をかけなければいけません。

## 路上での林業機械の走行ルール

下り走行時、特にブレーキペダルを使用していると、エンジンの故障リスクが高まります。そして、強くハンドルをきると同時にブレーキをかけると、エンジンの故障リスクはさらに高まることから避けるべきです。

油圧トランスミッションの使用において、良好な路面走行と、条件の悪い道や斜面を走行するのとでは全く異なるドライビングテクニックが求められます。ある意味では良好な路面での走行の方が故障リスクがずっと高くなります。

急斜面等では低いギアを使用するとこれまで述べてきましたが、良好で平らな路面等では高速移動のために、高いギアに入れます。高速移動に伴う運動エネルギーが増大しますが、高いギアのために、エンジンブレーキが十分に効かない状態です。そのため、かなりの重量で高速で走行するときは、中程度の力で徐々に減速していかなければなりません。

路上走行時には、アクセルを注意深くゆっくりと放すことで機械をやや減速させることができます。これは、路面が下り勾配であっても、さらにはオペレータが機械をほとんど制御できない状態であってもです。

積み荷やトレーラーをけん引して路上走行する際に常に守るべき基本ルールは、以下の通りとなります。

・現在の状況に適したギアを選択します。
・かなり高めのエンジン回転数（１５００～１７００rpm）に保ちます（ただし、オイル流量が過剰になりオーバーヒートするのを避けるため、回転数を落とす必要が生じることもあります）。
・エンジン回転数を素早く下げる必要がある場合、機械は時速15km以上で走行するべきではありません。

### 路上走行で大幅に減速する

路上走行では、通常アクセルを徐々に放すことで減速します。

入っているギアが高すぎて、かつ置かれている状況にとっさに対処する際には、以下で推奨する行動をとるようにしましょう。

・ほぼ同じ回転数に保ちながらギアを下げ、時速15kmまで速度を下げます。
・アクセルをゆっくりと放し、ブレーキペダルを踏む準備をします。
・2,000rpm以上に回転数を上げずに大幅に減速できれば、走行状態をコントロールしていると言えます。そうでなければ、即時にブレーキペダルを使用しなければなりません。

・速度をすぐに落とす必要がある状況では、突発的にアクセルを放してはいけません。代わりにこのガイドライン（中段のカコミ）に沿って、ブレーキペダルを使用します。

2 アクセルをゆっくり放す

1 左足でブレーキペダルを踏む

◀ブレーキペダルでの減速は、危機的状況で必要とされることがあります

## ディファレンシャルロック

ディファレンシャルロック（デフロック）（注：左注参照）は、重い荷を積んだ機械が固く乾燥した路面を走行していて、同時に旋回するような場合には決して使用するべきではありません！　ただし、主に機械が直進する際など、その他の状況では必ず使用するべきです。滑りやすい路面や黒土、凍った路面などの斜面を登ったり、全輪でフルパワーをかける状況のように、ホイールが空転し始めるような場面になる前にデフロックをかけるべきです。

下り走行では、荷を含めた機体全体にかかる力を制動しなければなりません。これはつまり、凍結した路面などで横滑りしないよう、ホイールが十分にグリップしなければならないことを意味します。そのため、荷を積んだ機械が急斜面を下る時（特に切り株や岩などの障害物を越える時）にデフロックを利かせるのは有効です。デフロックが利き、ギアが適切に調整され、スロットルレバーが適切な設定であれば、障害物を無理なくすんなりと越えることができるでしょう。この方法では、機械は最大のグリップを得て、エンジンの空転や横滑りを避け、その結果として駆動系の深刻な損耗や故障のリスクを極力抑えることができます。

デフロックの使い方を簡単にまとめると、

・機械の旋回と同時に使用してはならない。

・荷が重く、地面が固く乾燥している場合には特に使用してはならない。

・デフロックは、急斜面での登り下りの両方で使用するべき。

**注：ディファレンシャルロックとは**
ホイール式の車両は、片方の車輪が浮き上がったり、滑りやすい路面に乗ると、その車輪が空回りして、もう一方の車輪に駆動力が伝わらなくなり車が進まなくなります。そこで一時的に、左右の車輪を直結（ロック）させると、片輪が浮き上がっても反対側の車輪が回り、車は進むことができます。このように左右のタイヤを差動運動（ディファレンシャル）させないようにロックすることをディファレンシャルロックといいます。

## 最大けん引力を利用する

荷を積んで斜面を登ったり、支持力の低い地面を走行したりする時など、フォワーダの運転には大きな力を必要とする状況が発生しますが、最大けん引力を出すのは駆動系の故障に繋がりやすいため、常に避けるべきです。したがって、困難な条件下では重い荷を積まずに機械を操作するようにしましょう。

例えば、機械がホイールを駆動させるのにパワーが不足している場合、最大けん引力を出すことで油圧トランスミッションがオーバーヒートするリスクがありますので、アクセルを即座に放さなければなりません。機械がスタックするかその寸前の状態にある場合、再び走行を試みる前に荷を降ろさなければなりません。

ローダーを寝かせることで重心を下げることができます

## 片勾配―フォワーダの場合転倒はよくあること

フォワーダのトレーラー（荷台）の重心は荷の高さが増すほど上昇するため、トレーラーの転倒リスクも上がります。長年フォワーダのオペレータをやってきたほぼ全員がトレーラーを転倒させた経験があるのではないでしょうか。もしかしたらキャビンごと転倒させた人もいるでしょう。まして経験の乏しいオペレータがトレーラーを転倒させることはよく起こります。

トレーラーにわずかでも転倒のリスクがあれば、ローダーをカウンターウェイトとして片側の斜面に向けるのが得策です。

片勾配でトレーラーを走行させる時のステアリング動作の注意点を下図に示します。

## 片勾配と横滑り

片勾配の斜面を走行するオペレータに起こる最も悲劇的な事態として、機体の横滑りがあります。例えば、荷が満載状態で機体が大きく傾いている時に横滑りが起き、固い障害物に当たって不意に停止する場合、転倒のリスクはかなり高くなります。横滑りが起きると、スパイクがすり減ったバンドはそりの板のようになります。滑り止め装置の摩耗や、それらがないタイヤでも、機体の横滑りは起きやすくなり、転倒リスクが高まります。

登り走行での片勾配は、下り走行ほどシビアではありません。これは、機体が傾いてもコントロールがしやすく、機体全体の転倒リスクはずっと低いためです。

一方、かさ上げされた道の盛土を乗り越える場合は、トレーラーをまっすぐに向けましょう（道のわきで機体をまっすぐにするようハンドルをきる）。これによって、トレーラーの傾きと転倒のリスクを最小限に留めることができます。

### 片勾配でトレーラーを走行させる時のステアリング動作の注意点

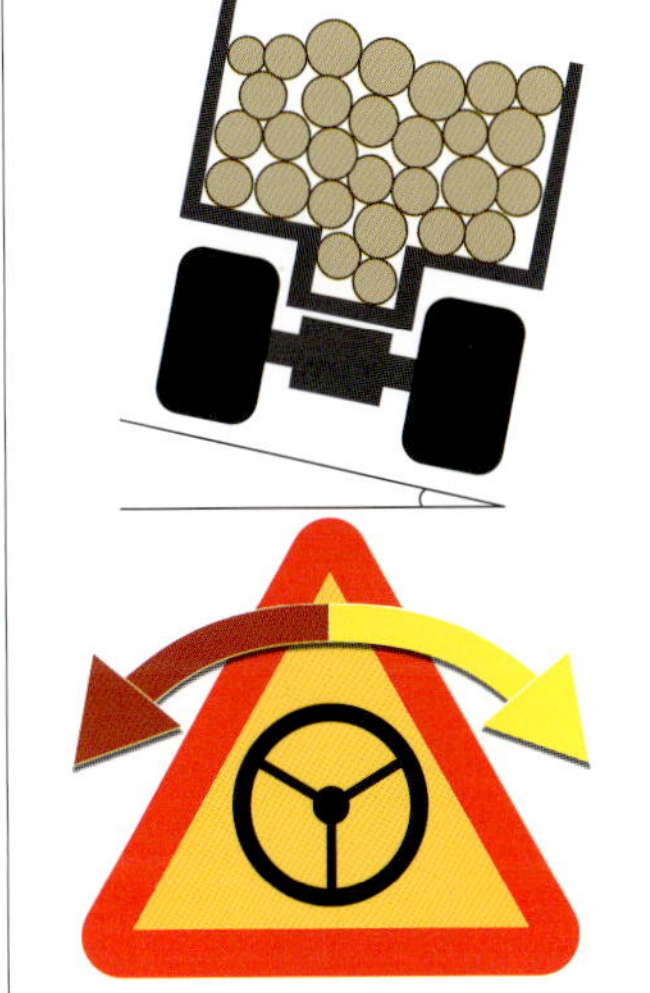

片勾配での走行では、機械を旋回させずに走行するのが望ましい。トレーラーが大きく傾いている場合、ステアリング動作は機械の転倒に繋がるおそれがあります。トレーラーが左に大きく傾いているとしたら、右旋回は絶対に避けるべきであり、また逆も同じです

▼機体が大きく傾いた場合、丸太をつかんで一時的にカウンターウェイトを増強することは有効です

特集2

# ハーベスタ・フォワーダ伐出作業

特集2では、ハーベスタとフォワーダについて、材の価値を上げるための基本的なテクニックや安全作業について具体的に紹介します。（編集部）

ペル＝エリック・ペルソン／編集部訳

## ハーベスタによる伐採の基本

### ハーベスタのコンピュータ

北欧で使われているハーベスタのコンピュータは、あらかじめ設定した目標に従って、材の価値を最大限に高める造材を行うために、最適な採材方法を自動的に計算します。ただ、造材時にオペレータはハーベスタのコンピュータに正しい情報を継続的に伝え続けなければならないため、オペレータとしての能力が試されることになります。

これらのデータはコンピュータのメモリーに保存され、個々の伐倒木を造材するのに必要な基礎情報を伝達します。これは、原木予測と呼ばれています。複数ある直径区分に分けられた原木のプロファイル（予測）はコンピュータに保存され、この情報が造材の最適化に使用されます（本書「序」14頁参照）。

### 原木価格表

コンピュータの計算における土台の主要部分となるのが原木価格表です。原木価格表は、造材の関連作業を最適化するため、さまざまな径級や仕分け、要求のある径級、理想的な仕分けた材の割合に応じた材価に基づいています。うまく機能する原木価格表を作成するには、特殊な技能を要します。原木価格表は、この作成作業で中心的な責任を果たす者が担当すべきです。こうした特殊技能には、ハーベスタの機能と収穫された木材の利益の両方を最大化することが求められます。良い結果を出すためには、原木価格表は伐採現場の森林の構成を正しく反映（一致）させなければ

**ハーベスタのIT（長野、2011）**

ハーベスタは木材の直径や長さを測るセンサーとコンピュータを搭載している。材に応じて最適な自動採材をし、材積を集計して事務所にデータが転送される。
（『実践経営を拓く　林業生産技術ゼミナール　伐出・路網からサプライチェーンまで』（酒井秀夫　著、全林協発行）より一部引用）

なりません。

## 測長システムの故障

ハーベスタで伐採する時に、高い精度と信頼性を持つ測長（測尺）システムは大変重要になりますが、精度は大きく変動することがあります。システムが何週間も快調に機能していたかと思いきや、前方に丸太を送材するときに測長機能を突然失い、数mも余計に長く玉切りしてしまうことがあります。そのため、オペレータはシステムの故障をいち早く発見できるよう、常に丸太に「目を光らせて」おくべきです。軽度な障害だからといって見過ごしていると、短かすぎるか、長すぎるパルプまたは製材用の椪を積み上げてしまうことになりかねません。

### ハーベスタの自動最適採材支援システム

ハーベスタは、はた目には木をつかんで枝を払い、玉切りしているように見えますが、実際は木の品質に応じた最適な長さで玉切られています。ハーベスタには、最適採材のソフトウェアが組み込まれていて、最適な採材情報を事前に設定しておけば、どのような製品をそれぞれどれだけ生産するかという指令に応えられるようになっています。オペレータはキャビンの中でボタンを押すだけで、コンピュータが自動で１本の木の価値が最大になるような採材長を決定します。

採材は重要な知的作業であり、誰がどこで採材するかは売り上げを大きく左右してきましたが、高性能林業機械のコンピュータを活用すれば、経験の浅いオペレータも熟練者並みの成果を出せるようになります。

参考文献：吉田美佳「林業サプライチェーンマネジメントにおける情報処理と情報透明化」「山林」No.1592　32～40頁

## 測長ホイールの侵入具合が変動

測長に影響する要素には、細い枝が、測長ホイールと造材する丸太の間に挟まってしまっていることもありますが、他にも次のような要素があります。

測長ホイールの刺さり方にバラツキがあると、（コンピュータが）表示している材長と実際に送材された長さに差が生じることとなります。これは、装置が誤って計測していることを表します。刺さり方に差が発生することは、原理的に測長ホイールの直径が変動することと同じ意味を持ちます（下図）。

## 温度変化による刺さり具合の変動

樹皮が凍っていると、測長ホイールはそれほど深く刺さりません。ホイールが深く刺さらない分、直径が増し、樹皮が凍っていない丸太を計測、造材した場合と比べて実際の材長が長くなります。

例えば、秋や春、凍った立木と凍っていない立木が混在した状態では材によって測長ホイールの刺さり方が変わるので、大きな問題

### 測長ホイールの刺さり具合で材長が変化する

測長ホイールの歯がごくわずかだけ刺さる場合

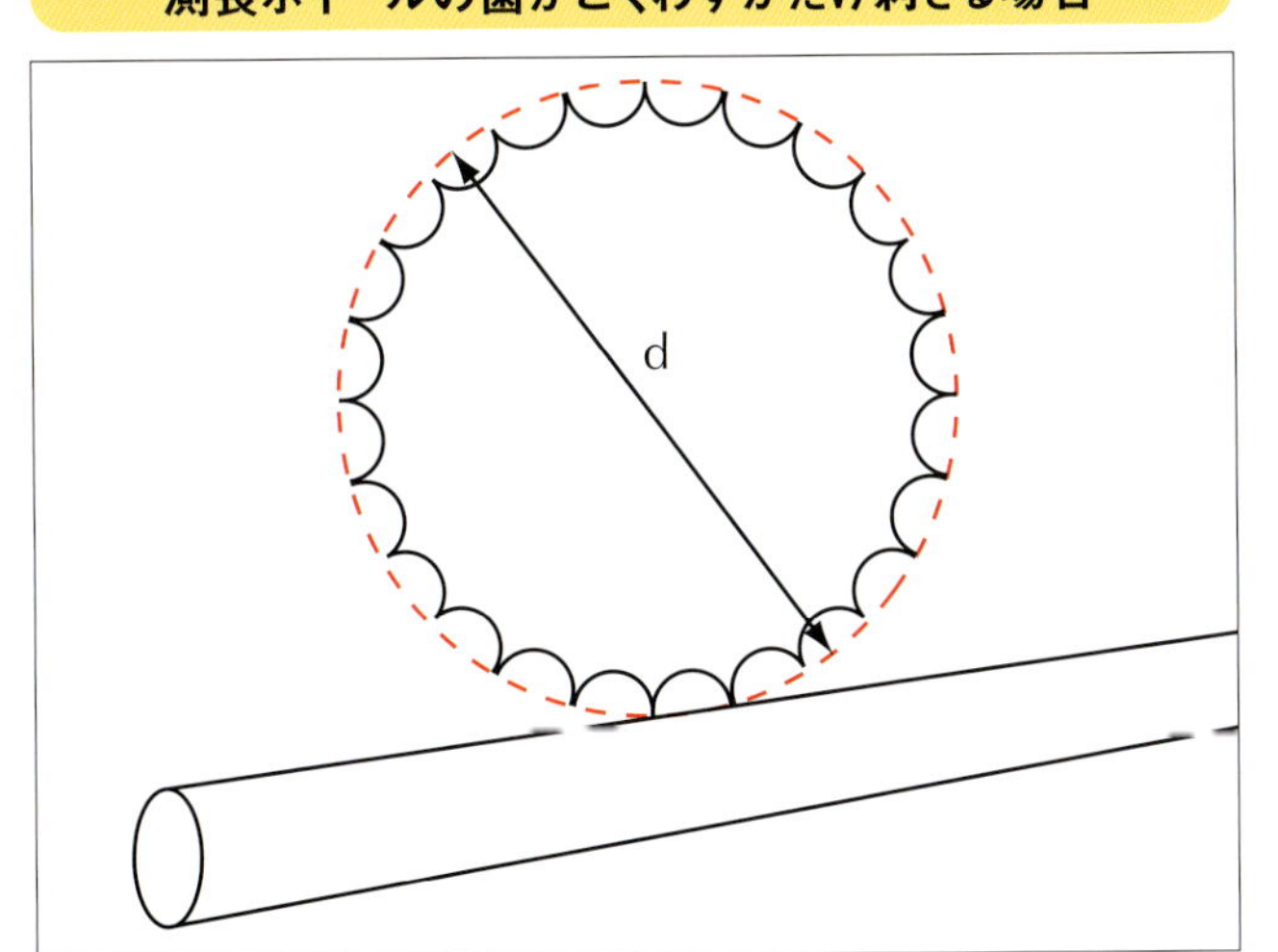


右の図よりも直径（d）が大きくなっています

測長ホイールの歯がより深く刺さる場合

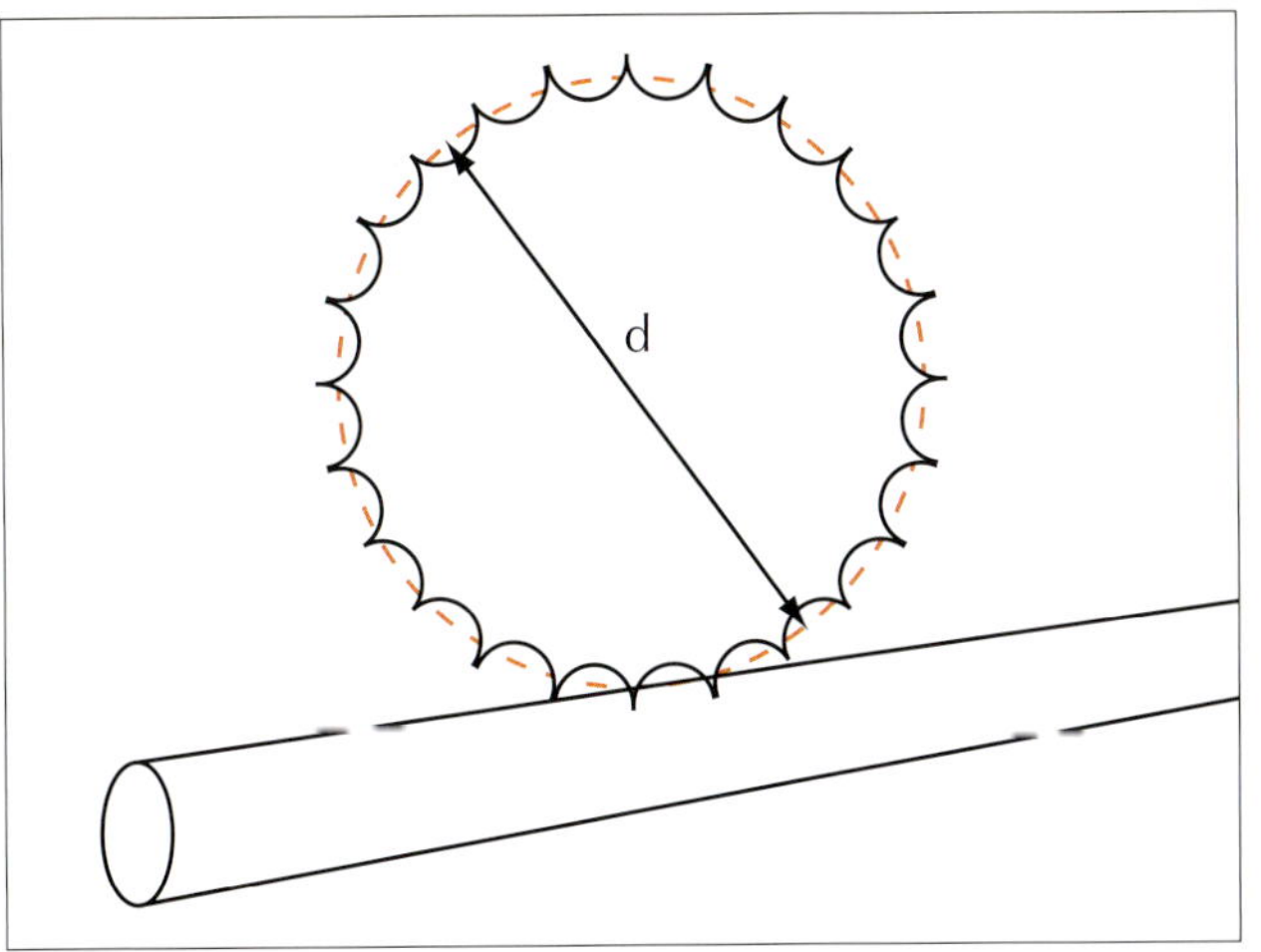


図のようにホイールの直径は歯が深く刺さった分小さくなります。この場合、コンピュータの計測値（ディスプレイに表示される材長）よりも実際の丸太の材長は短くなります

が発生します。

　また、樹皮がどれだけ乾燥しているかも関係します。水分は潤滑油のようにはたらき、歯を幹に入り込みやすくします。天候が晴れて乾燥した状態から一転して激しい大雨になったら、測長ホイールを較正する必要があります。

　幹を前方に送材している時に測長ホイールが滑ると、長すぎる材ができることになります。反対に、幹を逆方向に送材している時にホイールが滑ると、短かすぎる材となります。

## 材長の計測結果を確認する

　生産された丸太の材長に問題がないか、最低1日1回は点検をすべきです。直径の確認・較正作業と同時に実施するのがベストです。ロガーテープ自体に不具合がないかも確認しましょう。

## 直径の計測

　直径の計測機能も精度が落ちていないか、次のような簡単な手順で確認することができます。

・直径の異なる丸太を2本玉切りします（約15㎝と約30㎝）。

・ディスプレイパネルに表示された直径をメモします。

・丸太の直径を測り、ディスプレイパネルに

ハーベスタヘッドが割れの入った幹をつかんでいます。幹の端へ（ゆっくり）送材することで、材長を確認することができます。計測値（153㎝）とヘッドの横幅（120㎝）を足すことで幹の長さ（273㎝）がわかります（割れのある小口はパルプ材では受け取り可能のため、切り落としません）

1日1回以上は材長の計測結果を確認しましょう。単調な作業の合間の一休みも兼ねて…

A＋B＝材長

▶写真の方法でオペレータは材長を確認することができます。例えば、何らかの理由で計測可能な材長に満たない場合に有効です

表示された数値と比較します。

・実測値が計測システムの直径から逸脱していたら別の丸太でさらに確認を行い、必要があればシステムを補正します。

測長システムの確認と同じタイミングで行うのが良いでしょう。

## 伐採時の割れと検値

ハーベスタによる立木の伐倒・造材中に発生した割れ（裂け）は、材の価値を失う大きな問題です。

〝伐倒割れ〟や〝造材割れ〟を起こした丸太が、点検時に100本中1本以上見つかると、椪全体がキズありと判断されてしまいます。

裂けとは、丸太の木口の端から端までに広がる5㎜以上の割れのことです。製材時に予定される木取りの内側に裂けが入っていた場合、受け取り拒否となります（編集部注：スウェーデンでの場合）。

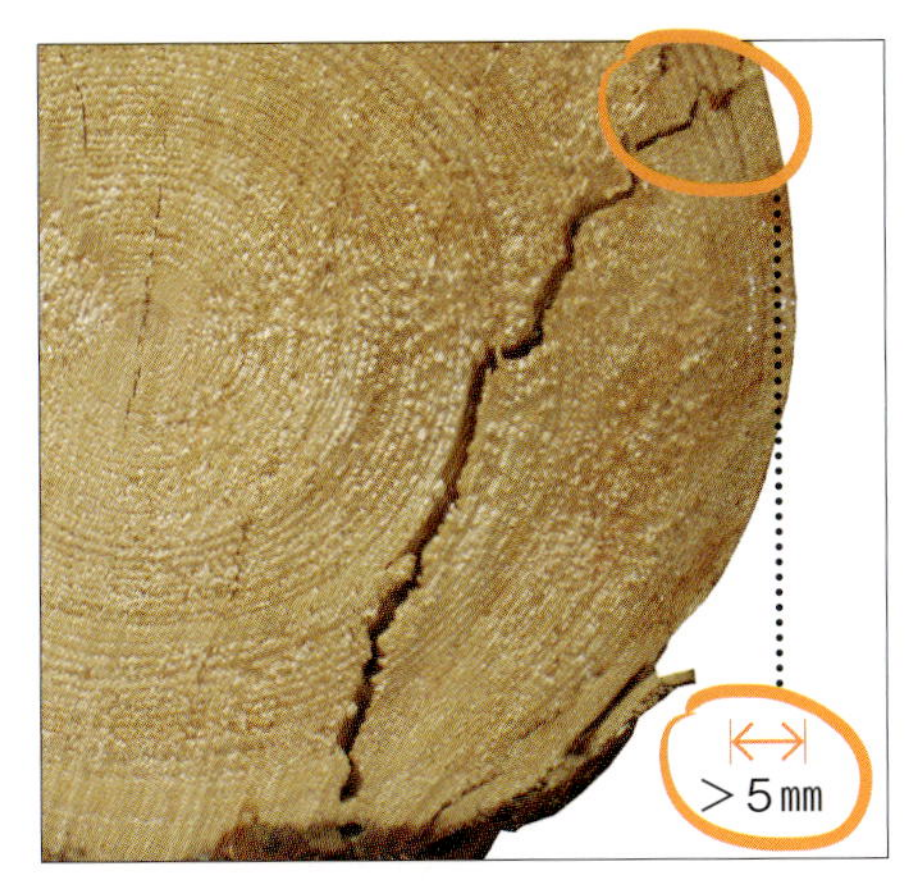


この種の伐採時の割れのうち、丸太の木口で差し渡し5㎜以上の広がりを持つものは裂けと呼ばれています

## 造材割れの頻度を減らす方法

宙に浮かせた丸太を玉切りする場合、常に割れのリスクがあります。造材割れのリスクを完全になくすには、持ち上げた丸太を0・3秒以内に玉切る必要があるという研究結果があります。とはいえ、そのようなハーベスタはありません。

## 造材割れが発生する悪い例

バーが幹に少しだけ入り込み…

バーが幹の中心を通過すると同時に、元口が「垂れ下がり」始める。割れが生じ始める瞬間です

元口が、幹の先端（末口）が落ちるよりも速く、地面に向かって加速していきます。多くの造材割れが発生してしまいます

一方、割れの頻度を可能な限り小さくするために考えるべき要素はいくつかあります。

## バーを常に最高のコンディションに維持する

目立てをして切れる刃にしておくことはもちろんですが、バーが整備された状態にあることの確認を徹底しましょう。ひどく破損したバーでは、チェーンがうまく幹を鋸断することができません。

バーが曲がっていたりねじれがあると、幹を玉切る際に「圧力」をかけなければなりません。これによって玉切りが遅くなったり、支障が出ることがあります。

チェーンの潤滑システムは、当然ながら鋸断部ができる限りスピーディーに動けるよう機能しなければなりません。チェーンの潤滑がうまくはたらくことで、チェーンもバーも長持ちすることになります。

## 「ローダー下ろし」で造材割れを減らす

機体が安定した状態で「ローダー下ろし」をすることで、造材割れのリスクを低減できます。この方法を用いる場合、丸太を玉切る時にハーベスタヘッドを機体から数m離しておきます。鋸断と同時に、手動で素早くロー

▲造材割れの頻度を減らす方法。ちょうどよい場所に切り株があると、その上に造材する幹を乗せることで支えとすることができます

▼機械のホイールに乗せて玉切るのも造材割れを避けることができます

バーがかなり傷んでいるため、チェーンはバーからの支持が弱くなり、鋸断の速度が低下してしまいます

# ローダーを下ろしながら玉切る

オペレーターは、鋸断が始まると同時にアームを素早く下ろします

元口と末口が水平な状態で地面に向かって素早く落下しています。このようにすると造材割れが発生しません

ダーを下ろします。なお、初心者が行うと、かえって造材割れを起こし、望んだ効果を得られないことがあります。

「ローダー下ろし」法はナックルブームのローダーで、最大27～30㎝までの丸太（玉切る箇所で）の場合に有効です。ただ、この方法は大型のハーベスタにだけ適したものです。小型の機械ではキャビンの振動を増加させ、キャビン内の快適性がかなり損なわれます。

## 伐採時の割れに注視する

造材割れは、材の木口を目視で点検することで明瞭にわかることがあります。造材割れの要因を追求するときは、左図のように赤線の範囲を点検することが最も重要です。逆に緑線の範囲は造材割れのリスクが最小となります。

宙に浮いた（支えのない）丸太を玉切る際、造材割れが発生しやすい。発生しうる造材割れを追跡する際には、赤線の範囲を点検することが最も重要です。逆に、緑線の範囲は造材割れのリスクが最小となります

# フォワーダによる搬出の基本

## フォワーダによる搬出

フォワーダのグラップルローダーを操作する上で大事なことがいくつかあります。例を挙げてみます。

**・ローダーのスムースな動作**

スムースなローダー操作によって振動が軽減され、オペレータの作業環境が快適になり、また、油圧システムやローダーの寿命が延びます。ローダーを素早く操作するよりも動作を正確かつスムースに行うことが重要です。

**・必要最低限のローダー操作に留める**

例えば、ローダーを荷の上に載せる際にグラップルをわざわざ閉じなくて良いです。無駄なひと手間です。グラップルを損耗させ、余計なエネルギーを使うことになります。

**・必要以上に丸太を高く持ち上げない**

丸太の積み込み、積み下ろしの際、つかんだ丸太をステッキの上まで持ち上げるのではなく、ステッキの間を旋回させます。時間とエネルギーの両方を節約することができます。

**・テレスコピックアームを多用する**

テレスコピック（伸び縮みする）アームが付いている機械を操作する場合は、できるだけ多用すべきです。

右に挙げた4つのうち、ここではテレスコピックアームの使い方について写真とともに解説します。

## アームの角度を保持する

地面にある丸太の束（グラップルがつかんだ丸太）をグラップルでつかむ際は、テレスコピックアームをほぼ最大まで伸ばすことを徹底しましょう。アームを適切な角度に保つことで時間とエネルギーの両方を節約できる

テレスコピックアームを最大限に伸ばすことで、オペレータはブームとアームの両方のシリンダーの動きを最小限に抑えながら丸太の束をつかむことができます

A°＝B°

B°

▲アームのシリンダーの動きは最低限に留められています

▶オペレータがテレスコピックアームをボトムポジションまで縮めていません。これは誤ったローダー操作の方法です。丸太の束を荷に載せる前に、テレスコピックアームをたたむのを徹底することは非常に重要です。たたみ忘れてしまうと、ブームのピストンをシリンダーのボトム側まで動かしてしまうリスクがあります。このミスは、ローダーの構成部品に大きな張力（過負荷）がかかります

というメリットがあるからです。

また、ブームを下げるとゲート（運転席後ろの柵）やステッキ、キャビンに接触する危険が高まります。テレスコピックアームを最大まで伸長させることによって、ブームが機械の他の部分を損傷するリスクを小さくできるのです（左写真）。

## フォワーダへの積み込み

次に、フォワーダへの積み込みについて、さまざまな状況を想定して解説します。

グラップルポイント（グラップルで丸太をつかむ位置）を正しくとることは、積み込み、積み下ろし時において常に重要です。グラップルポイントを正しくとることで、丸太の束のバランスを保つことができますし、丸太を傾けた状態でつかむこともできます。ただし、

100%

テレスコピックアームをほぼ最大まで伸ばすことで、ブームがゲートに衝突するリスクが小さくなります

最適なグラップルポイントを選び取ることは簡単ではありません。時間をかけて技能を獲得しましょう（揺動式グラップルの場合）。

グラップルポイントと荷の位置を決める時は、まず最初に、丸太の集積先を〝分析〟します（右下写真）。丸太を（荷台の）どの位置に置くべきか？　どちらの木口をゲートに向けるべきか？　その上で、グラップルポイントを決めます。グラップルポイントを正しくとれなければ、丸太の束を地面に置いて、新しくグラップルポイントを選び直します。

## 丸太をゲートに当てる

丸太は、ゲートに触れるか接近させた状態で積み込みます。フォワーダの重量配分を最適化する意味でも極めて重要です。

丸太をゲートに適度に「ぶつけて」、同時に丸太をうまく転がす技能を習得するには、かなりの訓練が必要です。ポイントはアームを素早く動かすこと（アームの動きが遅すぎると、この方法はうまくいきません）。

丸太をゲートに当てる時は、その前にグラップルを十分に開きます。丸太をグラップルでしっかりつかんだ状態でゲートにぶつけると、ゲートにひび割れやゆがみが発生する危険があります。また、丸太を必要以上にゲートに「押し付ける」こともすべきではありません。丸太が荷の上をうまく転がって広がらないからです。コツは、丸太を荷の上に落とすためにグラップルを開くのと同時にローダーをやや上昇させることです。

短尺のパルプ材は、わざわざゲートにぶつける必要はないでしょう。多くの場合、パルプ材は荷台底部の中央に置くのが良いです。ただ、短尺材であってもゲートとの間隔を70～80㎝以上空けないようにすべき点を覚えておきましょう。

## 地面に「ぶつけて」木口を揃える

フォワーダに積み込む前に、地面に丸太の束を「ぶつける」ことで、丸太の束の木口を揃えるテクニックがあります（36頁上段写真）。

丸太の束の木口を地面に「ぶつけて揃える」時は、ローダーの動きがキャビンから離れた方向になるようにすることを忘れてはいけません！　それ以外の方向は極めて危険です。誤ると、丸太の束がキャビン側面の窓を破って中に入り込んでくるおそれがあります（36頁中段写真）。

このテクニックには丸太の束に枝葉が混入するのを防止できるメリットがある一方で、木口に石が食い込まないように注意する必要があります。スウェーデンには厳格なルールがあり、木口に1つでも石が挟まった丸太があると、その椪全体が受け取り拒否となりま

▶ローダーをスムーズに動かせるように、オペレータは丸太の束を荷のどの位置に置くかをすでに計画しています

◀ゲートにぶつけて木口を揃える際、丸太は、ゲート側の木口がやや下がり気味になるようにつかみます

す！

## システム化した積み込み方法

荷台の底層は土台となりますので、長材を並列に並べることが重要です。リアステッキに届かないくらい短い材が含まれないようにすべきです。

底層をしっかりと作ったら、次は残りの部分をシステマチックに積み込んでいきます。まず両方のステッキのそばに丸太の束を載せ、その後にその間のスペースを埋めます。一連の流れは以下の通りです（写真は次頁）。

・一方のステッキのそばに丸太の束を載せます。
・もう一方のステッキのそばに丸太の束を載せます。
・ここで中央にできたスペースを、第3の丸太の束で埋めます。この方法に沿って作業を行うと、両方のステッキが積み込み時にある程度ガイドの役割を果たします。

このシステムはあくまで基本です。フォワーダへの積み込み方には応用が数多くあります。基本システムに加えて、経験を生かし想像を働かせて取り組みましょう。

## 荷は水平に

積み込みは、荷が概ね水平になるように丸太を積んでいきます。これは、ゲート側の丸太の約半分は末口であることを意味します（次頁右下写真）。

オペレータは、丸太の束の末口と元口のどちらをゲートに向けるかを繰り返し判断するべきです。この判断には、積み込み時にフロントステッキとリアステッキ（同じ側の）を比較すると良いでしょう。荷とステッキを比べて荷が水平を保っているかを確認できます。荷は前方が高いよりも、後方がやや高い方が望ましいと言えます（次頁左下写真）。

地面に「ぶつけて」木口を揃える方法。経験の乏しいオペレータが、地面を利用して丸太の木口を揃える際は特に、キャビンから離れた方向に向かって行うべきです

地面に「ぶつけて」木口を揃えるNG例。最悪の場合、丸太が勢いよくキャビンに飛び込んできます

木口を揃える応用テクニック。最後の積み込みの（ゲートにぶつけられない）時に使える手法です。荷台の側面に当てて木口を整えます

# システム化した積み込み方法

オペレータがフォワーダの左側から丸太を拾い上げたため、荷台右側へ載せています。ローダーが一定の方向へ動くようにローダーを旋回させるようにすると、ローダーの動きがスムーズで効率的です

ステッキが片側にある丸太の束に対してガイド（支え）となります。オペレータは、次に載せる丸太の束の位置（オレンジの輪で示した部分）をすでに計画しています

左側のステッキが２番目の丸太の束の支えになっています。次はオレンジの輪で示したスペースに載せます

丸太の束は、あらかじめ作られた空間にすんなりと乗せられます

荷の水平を判断する方法の１つは、フロントステッキとリアステッキが荷の最上部からどれだけ伸びているかを比較することです

最後の積み込みの時は、丸太の束が概ね水平になるようにします。元口・末口を揃えた積み込み方は「ニンジン積み」と呼ばれ、荷台の空間を有効活用できないため、誤った積み方とされています

# 土場での積み下ろし作業の基本的なルール

最後に、スウェーデン木材計測規則に沿って、土場作業をどのようにすべきか、手順やルールを解説していきます。

## 機体の位置取り

積み下ろしや椪積み作業中は、フォワーダを正しい位置に持ってくることを徹底しましょう。可能であれば、垂直に積み上がった椪の木口面から1ｍほどの距離へ機械を寄せましょう。水平な地面の上で作業ができるよう、土場の計画に関しては十分によく練るべきです。

積み下ろしの際は、フォワーダと椪の間隔を１ｍとするのが最適な場合が多いです。機体は横方向にも縦方向にも水平であるべきです

## 水平に持ち上げる

グラップルポイントを正しくとることは、積み下ろしの際に非常に重要です。積み下ろしの際には、丸太の束が水平にバランスを保てるようにグラップルで材をつかむべきです。

グラップルのアームで丸太を一周させられないくらいたくさんの丸太をつかんでいる場合、丸太を落下させるリスクがあるので、「グラップル閉じ」機能を働かせます。この方法で油圧システムは損傷しません。

椪に丸太を置くためにグラップルを開く時に、同時にローダーのアームをやや上昇させると良いです。

## 椪をつくる

スウェーデン木材計測協会のハンドブックには、椪の作り方についてルールがあります。その一部を紹介します。

・椪の下に枝葉があってはいけません。梢端や枝が落ちていると、トラック運転手が椪の最下層を積み込む際に難儀することがあるからです。特に冬場は、丸太が凍って枝葉と丸太がくっついてしまう問題があります。

・原木は、他の物質（岩、礫など）の混入リスクを最小限に抑えるため、しっかりとした下敷き（大径の丸太）の上に椪積みします。下敷きは、上に積む丸太と同種類にします。

・椪の底層（地面に最も近い層）を水平にします。この底層をしっかりと並べることは、椪全体の土台となるため非常に重要です。

荷台から持ち上げる時、丸太の束を水平にすべきです

## 荷下ろし手順

積み下ろしの際、最初に荷の片側（この場合は右側）の丸太をグラップルでつかみます

次に、荷の左側にある丸太をグラップルでつかみます

両側の積み下ろしをした後は、中央に残っている小さな山をつかみます。そして①の手順に戻って繰り返します

椪の土台を形成する下敷きと底層は、その上に水平面をつくるように並べていくべきです

### 赤線のエリアでは椪積み禁止

フォワーダのオペレータが素早くかつ効率良く作業ができるよう、椪積みに十分なスペースが必要です。ただし、赤線で印のついたエリアでは、丸太を椪積みしてはいけません（下図）。

土場作業は限られたスペースで行うことが多いですので、フォワーダのオペレータと土場管理者の間で確実なコミュニケーションを取り、搬出作業を開始する前に土場をしっかりと片付いた状態にしておくことが重要です。

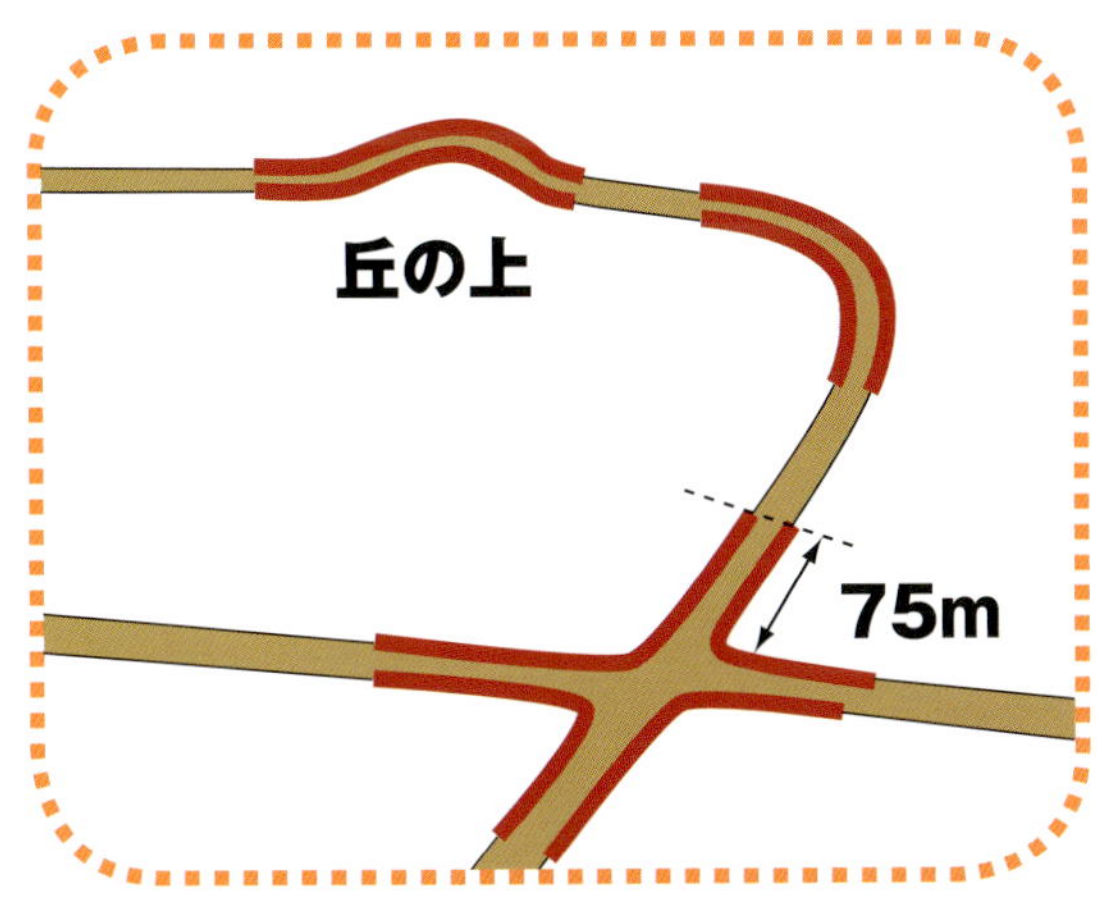


赤線のエリアでは椪積みしてはいけません（一般車両の通行が見込まれる公道での、椪積みを避ける個所の一例）

特集2 コラム

# 皆伐作業の計画と路線設計

**本コラムでは皆伐作業における伐採計画の立て方について解説します。北欧では、立木購入者と製材工場等（需要者）の間に立って、請負業者（コントラクター）が現場での伐採作業を担うのが一般的です。オペレータは計画をそのまま受け入れて実行するのではなく（それでうまくいく場合はよいですが）、トラブルの事前回避のため、関係者との話し合いが必要な場合もあります。なお、特集4（48頁）では伐採班のチームワークについて解説していますが、より広い意味で、プランナー（計画担当者）やトラック運転手との密なコミュニケーションが伐採作業の効率アップに役立ちます。（編集部）**

## 伐採の全体計画

本書では、図面を用いた伐出計画づくりが推奨されています。これは、作業着工前に水土環境の保全や作業効率に影響するエリア（湿った土壌や急斜面など）について綿密に調査・計画を立て、関係者間で共有することの重要性を背景としています。

全体計画として留意すべき点としては、①道路や小川の横断箇所、②土場、③幹線路、④魚骨路、⑤土壌の支持力、⑥泥炭土や急斜面など作業が困難なエリア、などがあります。

## 路線の設計

北欧の作業システムでは、常にユンボが先行して路網を伐開するわけではありません。本書が指す路網とは、ハーベスタとフォワーダの通行路というイメージが近いでしょう。

また路網は、主要な通行路である「幹線路」と、そこにつながる枝道である「魚骨路」に大別されます。幹線路の設計は、一般に立木購入者が行うこととなっています。そ

### 北欧での伐採作業発注の一般的な流れ

**森林所有者**

○伐採地の森林所有者
○周辺の土地所有者

伐採から原木運搬までの流れは分業化されています。環境保全などの制約はあるものの、1人作業や夜間作業を行うこともあり、伐採作業に関してオペレータの裁量が大きいのが特徴です

伐採の契約 ▶

**立木購入者**

○プランナー（計画担当者）

［伐採作業の計画］
・境界の確認
・蓄積量の調査
・作業計画
・路網の線形の決定

請負契約 ▶

**請負業者**（コントラクター）

○管理者

［伐採作業の実行］
・路網の伐開
・伐採搬出
・土場での椪積み

原木の引き渡し ▶

**製材工場等**

○検値担当者
○トラック運転手

［原木の引き取り］
・検値
・土場での積み込み
・原木の運搬

※ ○印は、伐採班（オペレータ）から見た現場作業に関する関係者を示す。

うして作られた計画に基づく現場指示書が、作業前にオペレータに手渡されます。

## 路網計画の注意点—フォワーダはハーベスタに優先する

左図は、ハーベスターフォワーダの作業システムによる皆伐現場の模式図です。

ここでは、トラック道を起点に小川を横断して伐採現場に至る路線が計画されています。土場は黄色線の周辺の、トラックがアクセス可能な範囲となります。

伐採現場では、フォワーダの通行量が最多となる赤色線が土壌の支持力（荷重による沈み込みに対する抵抗力）が高いエリアを通っていないと、満載状態のフォワーダが走行できない、わだちが深く掘れすぎるといったトラブルにより生産性の低下が起こります。反対に、オレンジ色線は支持力が低いエリアに当たり、場合によってはフォワーダができるだけ走らなくて済むよう、ハーベスタが伐倒方向や丸太の集積場所を調整します。

フォワーダが丸太を集めやすく、走行しやすくなるように、前工程であるハーベスタが段取りしておくのが全体最適となるポイントです。

### 図面による皆伐作業の計画づくりの例



**幹線路**：起点となる黄色のほか、赤色（通行量多い）、緑色（通行量中程度）。
**魚骨路**：オレンジ色（通行量少ない）。矢印はハーベスタによる伐倒木の送材方向。
**破線エリア**：土壌の支持力の低い湿った土壌。
・この伐採現場はトラック道に向かってやや傾斜しています。
・機械の走行で出た土砂が小川に流れ込むリスクがあれば、幹線路を一部迂回させ（A）、排水溝Bをつくるオプションも検討します。

▼機械がスタックすると引揚げに数十万円かかることもあります。このほか、表面に出てこない損失として、作業の休止による生産性の低下や機械の損耗があります

# 特集3 メカ理解とメンテナンステクニック

ペル＝エリック・ペルソン／編集部訳

日本と比べても高額な林業機械（特に大型のもの）が多い北欧では、機械をフル稼働させるために、日常メンテナンスやシフト制（1日に2交替など）が重視されています。本書の内容によれば、1台の林業機械が持つ経済的価値とは、例えば2万時間の稼働時間（機械の寿命）を通じてどれだけ多くの収入が得られたかということです。

普段から個々の機械が十分な性能を発揮し続け、かつ大きな故障（高額の修理代）を起こさないためには、「優しく思いやりのある」機械のケアが大切です。ハーベスタとフォワーダのみで完結する作業システムと比べて、日本のように複数台の林業機械で構成される作業システムでは、1台の機械の故障による1作業工程の停止に伴う損害はより大きくなります。この点で、作業中のメンテナンスは、（壊れてからやるのではなく）予防的に実施するべきものです。

また、メンテナンスの実施には常に「誰が責任をもって行うか」が課題になりますが、本書では、もっとも長い時間、機械に接しているオペレータが一番の責任を負うものであり、これは欧州全体の共通認識とも言えます。

（編集部）

## メンテナンスの意味と効果

機械のメンテナンスと聞くと、退屈で即効性がなく、作業が中断する分だけ損失となるイメージがあるかもしれません。

しかし、長い目で見たときに、林業機械が持つ経済的価値を維持し、計画された使用期間にわたって十分な機能を発揮させるために、メンテナンスは不可欠で、しかもとても安価にできる作業です。

メンテナンスの大目標は、アワーメータが2万時間を表示してもなお機械が稼働できることです。その途中段階では、数千時間を大きな故障なく稼働させることが中目標になります。メンテナンスは、決して今週よければいいとか、最初の千時間だけ機械の性能が発揮されればよいというものではありません。

（編集部注：北欧製の大型ハーベスタやフォワーダは、シフト制により年間の稼働時間が千時間を軽く超すこともあり、日本よりも寿命が長いのが一般的です）

## メンテナンスの5パターン

「メンテナンス」は、保守・点検・維持・管理など幅広い意味を持つ言葉です。

林業機械のメンテナンスは、原則としてメーカーが出す取扱説明書（メンテナンスブック）に準じて適時に実施するもので、本書では具体的に「点検・清掃・潤滑・交換・相談」の5つに分類しています。

メンテナンスは、清掃のように専門知識が不要な作業から、数千時間に1度整備士が点検するような項目（オペレータが覚える必要のない作業）まで広範囲にわたります。そのため、オペレータは、点検から交換までの一定範囲を自身の技量に応じてカバーし、自身で判断できない機械の状態については、機械の管理者や整備士に相談するのが正しい行動と言えます。

また、専門性の高い部品交換やセッティングなど一部の作業は、メーカー推奨のサービスセンターから派遣された認定整備士以外の者が行うと、メーカー保証が失効するおそれもあります。特に新型の機械ほど複雑化する傾向があり、知識のない者の不適切な行動は機械を操作不能状態に陥れるリスクがあります（コンピュータの設定の初期化など！）。

▼エンジンオイルの点検は、機体を長さ方向・横方向ともに水平の状態で行います。その日の作業を終える際、翌日の使用前点検を考慮して水平な場所に駐車しておかなければなりません。写真は悪い例

## 稼働時間に応じたメンテナンススケジュールに従う

取扱説明書では、各メンテナンス項目を実施する時期は通常、一定の稼働時間（エンジンの回った時間）とリンクしています。1日のうちで機械が動く時間や扱う原木量には大きな開きがあるため、特に潤滑に関しては稼働時間ベースの潤滑チャートがあるのが一般的です。

このほか、油量の点検やベルトの張りなど、日・週・月の間隔で行うメンテナンス（日常点検項目）もあります。

現場で日常的に行うメンテナンスには、一定の稼働時間に達した時に行う「スケジュール通りの作業」（上述）と、異常を感じた時に行う点検などの「突発的作業」の2種類に分けられます。

後者の例には以下のような状態があり、オペレータはその日の機械の調子が「機械の通常の動き」からどれだけ逸脱しているかを察知して、具体的な言葉で正しく説明できることが大切です。言い換えれば、オペレータの仕事には、機械が普段動作している状態からいかに目を離さないかが含まれています。

例えば、先週の作動油の油温が50℃であったのに現在60℃になっているとしたら、それは異常な状態を意味します（高温状態や水分、金属粉の混入が原因で作動油は劣化します）。計器パネルの警告灯やブザーの意味を知っておくことは、トラブル対処の初動段階で役立ちます。

・計器パネルの警告灯の点灯、ブザー
・バッテリーあがり
・エンジンオイル、作動油、冷却液の減少
・作動油の漏れ（油圧シリンダーの接合部からの漏れ、油圧ホースの穴・裂け）
・エンジン等トランスミッションからの異音
・エンジンの異常高温（ラジエータ回りの異常）
・ハーベスタヘッドの測長システムの異常

## メンテナンスにおけるオペレータの責任

機械は通常、数名のオペレータが交替で操作します。機械が十分に性能を発揮するためには、個々のオペレータが、適切な管理に対する責任を果たさなければなりません。機械の保守・管理に携わる全員の関与を通じて、機械の性能は維持されています。

ところが、毎日点検していても是正処置（オイルの注ぎ足しなど）がほとんど不要な状態が続くと、単純な日常点検は無視される傾向があります。「ほかのオペレータが昨晩に機械を停めたときに何もおかしなことはなかっただろうから、点検する必要はない」と考えるオペレータもいるでしょう。

ところが、機械が持つ大きな価値という点から考えると、始動前にきちんと点検しないことで起こる故障と、それによる作業の停止は大きな損失につながります。

オペレータが行うべきメンテナンス項目には、次のようなものがあります。

・機械の始動前点検など、スケジュール通りに行う作業
・ラジエター冷却液の液面（拡張タンクのレベル）
・エンジンオイルの油面（オイルスティックで）
・作動油の油面（透明なチューブやパネルから）
・ホイールに巻いたチェーンやバンドの張り具合
・機械の操作時に、機械のすべての機能の継続的な観察（機械の性能が通常状態から逸脱していないか）
・潤滑や掃除などの日常保守整備

機械の継続的な点検には五感をフル活用させます。作動油の漏れには鼻でかぎ、漏れが液状か霧状かは目視で確認します。また、トランスミッションやエンジンが普段とちがう音をしていれば、注意深いオペレータであれば気が付くでしょう。

しかし、新人オペレータが、数多くの点検

箇所を知って1人で実施するには時間がかかるため、その機械に精通した先輩オペレータなどがしっかりと指導すべきです。

## 掃除―メンテナンスの基本

メンテナンスの中でもっとも簡単で、そのために軽視されやすい作業が掃除です。

掃除は、点検・潤滑・交換といったほかのメンテナンス作業を行う上での基本であり、油圧システムや燃料系統への不純物混入を防ぎ、機械性能を維持するのに役立ちます。掃除の間隔を間延びさせないためには、就業前後や特定の点検作業などと合わせて「ついでに」行うようにすることがポイントです。

林業機械の中で日常的に掃除すべき部分として代表的なものは、次のとおりです。

・グリースニップルなどの潤滑部（油圧システムへの不純物混入防止）
・給油口回り（燃料システムへの不純物混入防止）
・エンジンスペース（エンジンの故障防止、火災予防。枝葉などの可燃物を、高温になる部品から取り除く）
・ラジエター回り（グリルのつまりによる放熱機能低下防止。特に夏場）
・フォワーダの荷台（枝葉や雪を取り除き、有効積載量を維持する。特に冬場）

エンジンスペースに押し込まれた細い幹は、ささいな問題のように見えますが、ホイールなど可動部の動きに巻き込まれて、幹や枝が機械の内部に入り込むようなことになると、大きな故障につながるおそれがあります

外部に露出した燃料タンクは、給油時に枝葉などが混入してしまうと、燃料パイプのつまりの原因となります。
また、野外保管の燃料容器（ドラム缶など）は、その底部に不純物が沈殿している可能性があるため、容器を動かしてすぐの給油は避けるべきです

## 旋回部の潤滑

林業機械には、ローダーや足回りをはじめ多くの旋回部品があり、サイズも種類も多様なベアリング（軸受）が使用されています。ベアリングには滑り軸受・転がり軸受・ころ軸受などの種類があり、その全てにあてはまる大原則として、互いの表面が触れ合わないことがあります。これを可能にしているのが、グリースの被膜です。グリースはベアリングを潤滑させ、摩擦や腐食、不純物の混入を防止する重要な役割を果たしています。

潤滑とは、ベアリングの機能を維持し、その寿命を延ばす作業です。

潤滑チャートは取扱説明書に掲載されていて、推奨する潤滑の時期（間隔）を超えないよう注意が必要です。潤滑の基本は、「時たまに大量」ではなく、「頻繁に少量」です。

ベアリングの潤滑は、大抵の場合、手動のグリースガンで漏れ出る（滲出（しんしゅつ））までポンプする方法で行われます。中には多量の潤滑をしてはならないベアリングもあり、それらについてはシールが破損しないよう少量の潤滑のみ行います。

また、オペレータがグリースの注入を目視で確認できない箇所に潤滑部があるケースもあります。その場合は、エンジンを停止させ、グリースの滲出する音に耳を澄ませます。特に注意を要する潤滑部では、グリースガンで何回ポンプするのが適量かを覚えておくことで、作業を簡素化することができます。

潤滑作業の前には、グリースニップルがきれいな状態で行うのが原則です。ほこりや砂、水分の混入は、ベアリングやブッシュの寿命を大きく落とします（ベアリングの中でも、特にハーベスタやローダーのころ軸受は高価です）。

頻繁に潤滑を行っていると、グリースを注入しづらくなることがあり、これは主にニップルの詰まりによるものです（1～2回のポンプで滲出するような状況）。ニップルが詰まっている感覚があれば、交換するのがもっとも早い解決法となるため、スペアのニップルと工具をキャビンに保管しておくようにしましょう。

潤滑に支障が出る状況には、このほかに低温下での作業があります。冬場の潤滑では、あらかじめグリースを暖めておくようにすべきです。さらに、すでに機械内部にある冷たいグリースの動きをよくするためにも、潤滑作業を行うタイミングを稼働後数時間経ってからとして、機械の各部品が十分に温まった状態で行うのが吉と言えます。

写真のグリースニップルは、8時間ごとの潤滑で、その適正量は黄色でポンプ4回分、赤でポンプ7回分となっています。
潤滑スケジュールはこのような単純作業です

## タイヤ空気圧の影響

### 空気圧が低めの場合

| メリット | デメリット |
|---|---|
| 乗り心地がよい<br>接地面が広い<br>接地圧が低い<br>路面の損傷が少ない<br>けん引力が増す | 安定性に欠ける<br>インナーチューブの損傷や裂けのリスクが増す |

### 空気圧が高めの場合

| メリット | デメリット |
|---|---|
| 安定性が増す<br>バンドの使用時には必須 | 乗り心地が悪い<br>路面にある鋭利な障害物による裂けや穴開きのリスクが増す<br>点荷重の感度が増す<br>わだちへの損傷が増す<br>表面力が低い |

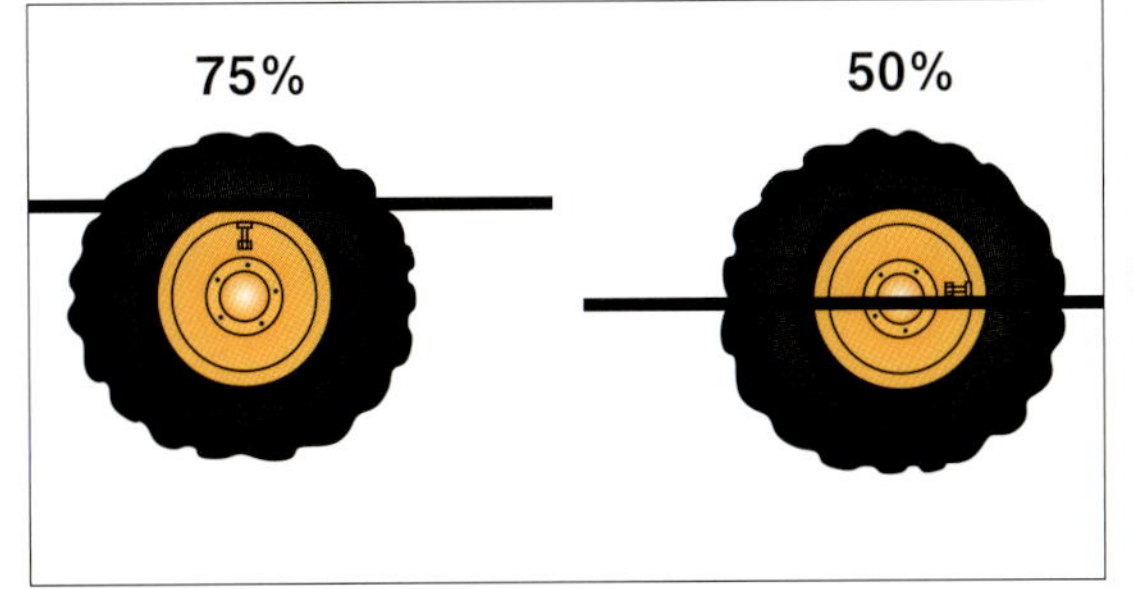


タイヤに液体を入れることで重りの役割を果たし、機体の安定性とけん引力が向上します。液体には、塩化カルシウムやグリコール溶液が使用されます

## 林業用オフロードタイヤの空気圧

タイヤの空気圧は、タイヤの寿命や走行性能、ひいては機械の生産性に影響するとともに、不整地でタイヤが受ける負荷を軽減するため、適切な調整が必要です。タイヤメーカーは特定の機械や使用条件、目的に応じて、望ましい空気圧を公表しています。

## バッテリー

言うまでもなく、朝早く現場に到着して機械のバッテリーがあがっていると、その日の作業は大きく遅延することになります。

低温時の始動のように、バッテリーの電力需要が高まる時期は特に、バッテリーの液面を確認したり、必要に応じてバッテリーチャージャーで充電するとよいでしょう。

一方、林業機械のメンテナンスでもっとも危険な部類とされるのが、バッテリー関連の作業です。バッテリーの内部や周囲には通常、水素ガスが充満しているほか、バッテリー液は酸性の希硫酸であり、火気（ショート）や静電気により爆発する危険があります。

他の車両で発生した電気でエンジンを始動させるジャンプスタートをより安全に行うため、従来のワニ口クリップ（火花や電圧スパイクの発生リスクがある）ではなく、より安全なジャンプスタートソケット対応機種が普及しています。

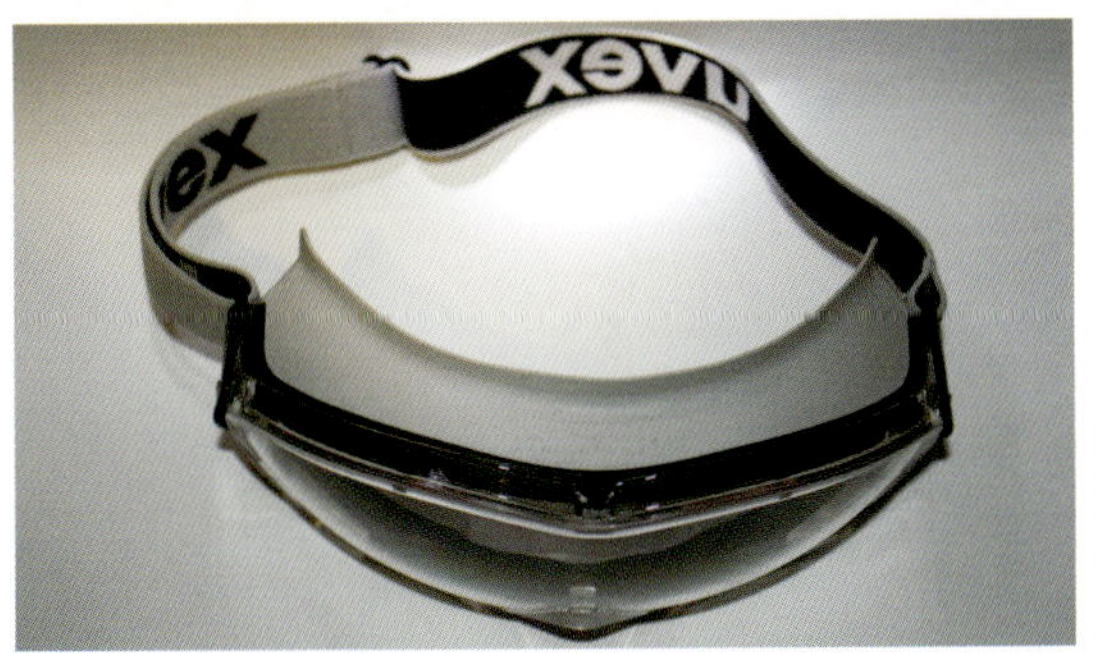


バッテリー回りの作業では、写真のような防護メガネ（バッテリー液の侵入防止構造のもの）を着用しましょう。バッテリー内部の電解液は希硫酸などで、皮膚や目に炎症を起こす危険な酸性溶液です

特集4

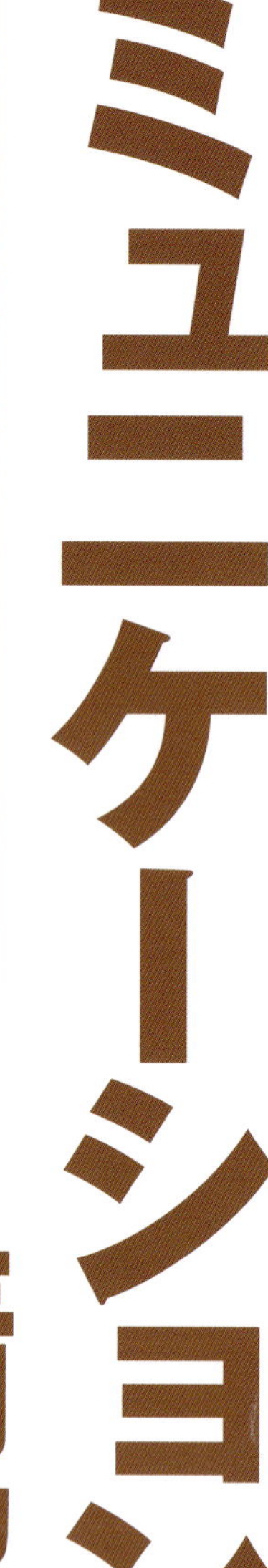

# コミュニケーションと情報共有

ペル＝エリック・ペルソン／編集部訳

林業現場でのコミュニケーションは、安全確保やチームワークの土台となるものです。それに加え、不十分なコミュニケーションは伐出事業に経済的な損失を与えてしまうことを本書は指摘しています。

コミュニケーションというと、言葉やしぐさを思い浮かべますが、情報共有の手段として本書は位置づけています。しかし、図面、ペイント、目印テープ、目印の丸太などを上手に使いこなすことがコミュニケーション（及び情報共有）であると本書は指摘します。（編集部）

▲図1
地図やスケッチ、図を使うことで、作業内容や段取り説明や理解が格段にすすむ

## コミュニケーション不足が引き起こす問題

コミュニケーション不足の問題は望まぬ結果を生むことがあり、それは誤解から経済的損失までさまざまです。以下に例を挙げます。

- **機械のメンテナンス不足**
- **丸太の不適切な玉切り、つまりベストな採材ではないこと**

ハーベスタ搭載のコンピュータのプログラムの誤りや、ハーベスタのPCに入れる原木価格表データの間違った見方によるもの。

- **丸太の不適切な仕分け**

これは、フォワーダのオペレータが指示もしくはハーベスタのオペレータから聞いたことを誤解することが原因で起こることがあります。

- **自然および文化財保護箇所の事前調査が不適切、もしくはなされなかった場合**

これは、マーキングのミスによっても起こりえます（禁伐等の伐採制限がある箇所での誤伐を避けるため）。

- **伐採現場の木材の搬出漏れ**

これは、誰かがオペレータへ、小高い丘やそのような見えづらい場所の材を集めることを伝え忘れることで起こることがあります。

- **何度もスタックすること**

伐採現場で働く者は誰でも、土壌の支持力が低いエリア（泥炭土など）があるかどうかを把握しておくべきです（ぬかるみなどで車輪が空転し、動けなくなる状態を避けるため）。

- **路面や道の脇、側溝の損傷**

## 理解しようとする努力がコミュニケーションを有効にする

基本的にコミュニケーションは、片方がメッセージを伝え、もう一方がそのメッセージを解釈し、理解しようとします。コミュニケーションが積極的に行われる場合、メッセージを伝える者は内容が理解されるように工夫し、受け手は正しく理解しようと努めます。両者が協力し合い、相互理解を真剣に求めれば、誤解はほとんど発生しません。こうした場合には、コミュニケーションがとても有効に働きます。

## お互いが理解できる言葉を話せるか

互いによく知った事柄についてコミュニケーションを図る場合、人は相手の話を楽に理解できます。お互いが「同じ言葉」を話しているからです。似通った教育や経歴を持つ人同士なら、多くの時間とエネルギーを費やさずとも理解し合うことができるでしょう。

一方、経歴や経験が異なる者同士の場合は、すんなりはいきません。経験者は、自分のメッセージを理解する知識を未経験者も持ち合わせていると思いがちです。しかし、未経験者にはメッセージを理解する十分な知識がなく、また専門用語にもなじみがないことから、誤解が起こりやすくなります。

## 「理解していないことを質問しない」のは間違った行為

ベテランが新人を教育する場合のように、異なる経歴の二者がコミュニケーションを図るには相応の努力が必要です。新人にとっては、話の内容を吸収することは大きなチャレンジであり、本当に理解したいと思うことが重要です。未経験者が専門用語をいち早く学ぶことはとても意味あることです。

新人が先輩のメッセージを理解するためには、適切な質問をすることも大切です。ほとんどしないよりも、多すぎるくらい質問をする方が常に良いと言え、決して馬鹿げた質問などというものはありません！

質問の内容が先輩には『馬鹿らしい』と感じられることがあるかもしれませんが、自分が理解していないことを聞く行為は『愚かなこと』では決してありません。質問しないことが、かえって愚かであり、後になって時間や労力、経費をかけることになります。そして、悲惨な事故につながることさえあります。

## 経験者はコミュニケーションの責任者でもある

班の中でもっとも経験豊かな者はまた、全ての種類の情報を伝える最大の責任者でもあります。経験あるベテラン従事者は、複雑な作業の全体像をうまくとらえ、相手にうまく伝える指示の仕方も知っています。ベテランの指示のもと、新人作業員が作業内容・段取りを完全に理解して、指示通りに作業を行えるよう班全員が一致団結して事に当たらなければなりません。

新しい現場で作業を始める際には、受けた指示を明確に理解することを努めましょう。必要があれば同僚や上司に確認しましょう。オペレータは、自分が実行できる作業を責任をもって行うという姿勢で、作業に関する情報や指示を正しく理解しなければなりません。

## コミュニケーションの手段—正しい言葉、目印テープ、その他の方法

人は、コミュニケーションとは文字や言葉でメッセージを伝えるものだと考えます。しかし実際には、ペイント、目印テープ、目くばせ、スマホでのメッセージ送信（SMS等）、目印の切り株（高さ1・3ｍ程度）を残すといった他の方法もあります。現場でコミュニケーションの仕方を決める際に覚えておくべき事項を以下に示します。

**・方向の伝え方**

方向を伝えるとき、右とか左とかの言葉を使うのは最適ではありません。代わりに、方位を用いましょう！例えば、

「西側の境界に沿って」

「幹線路の南」、など。

また、伐採現場の位置を同僚に伝える場合、現場指示書の地図にそうした情報を書き込むとよいでしょう。現場の簡単なスケッチもあれば、より理解しやすくなります。

**・目印テープ**

目印テープは、キャビンに常備しておくべきです。目印テープは、例えばフォワーダでの搬出作業のシフトを終えた場所であったり、斜面を直登するのに適した道、幹線路の作設を予定している箇所などを伝える目印として使うようにします。

## 目印の目的

目印テープを使用する際には、次の要点に留意しましょう。目印テープは、情報を伝える1つの手段です。ちょうどメールを書く時のように、受け手が誰なのかを自分に問いかけましょう。留意点は次の通りです。

・目印テープは夜間でも見えるか？
・積雪時にも見えるか？
・オペレータが見る方向は分かっているか？
・伐採が始まってから長期間が経過し、テープが退色してみづらくなっていないか？
・もしオペレータが目印テープを見つけられなかった場合、ほかの森林所有者の立木を伐採してしまうリスクはないか？
・オペレータの中に色覚異常者はいないか？

## 目印テープを正しく使う

▶図2
黄色テープは、秋にはこのように見えにくくなる（枝に付けたテープはハーベスタ等の走行路を示すもの）

◀図4
図3と同じ様に付けたテープは20ｍ離れても十分見やすい

目印テープを使う際には、いくつかの基本ルールがあります。

・風になびくテープは、通常より見えやすくなります。立木の幹にテープを巻く場合、垂れ下がらせる端の長さを40㎝以上とりましょう。

・ハーベスタが向かってくる方向が分かっている場合は、葉のついた枝がある立木の見やすい側に目印テープを付けましょう。

・視認性が低下するか、目印のラインの向きが変わる箇所では、テープの間隔を短くしましょう。

・伐採予定林分の近くに母樹がある場合は、伐採前に目印テープに加えてペイントで目印を付けて二重に誤伐防止に備えましょう。

## 目印テープの使い方と注意点

**・伐採現場の境界外縁を示す目印テープ**

境界線にテープを付け（枝や幹）、伐採範囲を示す（誤伐を防ぐ）ものです。立木にテープを巻く際は、結び目が境界線の側を向くようにします。立木の「結び目側」をハーベスタが走行することを意図して使われます。

**・間伐時の将来木を示す目印テープ**

間伐作業では、テープを巻いた立木は将来木（成長が見込まれ、残しておき、将来伐採する木）として計画されます。

**・走行ルートを示す枝テープの意味（図3、4）**

枝に付けたテープで、ハーベスタの走行ルートを示すことがあります。テープによるマーキングする担当者が細かな配慮をして、目印テープが計画している作業路のピッタリ中央に来るように付けることもあります。その際には、オペレータは目印テープに従って走行するよう注意しなければなりません。

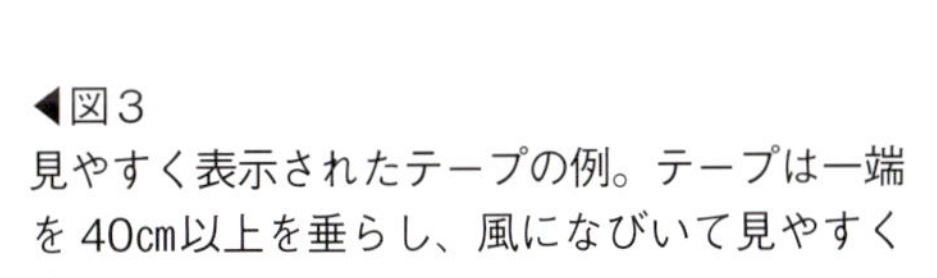

◀図3
見やすく表示されたテープの例。テープは一端を40㎝以上を垂らし、風になびいて見やすくする

▼図6
図5のタイガーテープとブルーテープを10 mの距離から見た写真。十分視認性がある

▲図5
数メートル離れた所から見たタイガーテープ（黄色と赤のストライプ模様）とブルーテープ

▼図7
伐採現場の外縁を示す目印テープ。目印テープの結び目が伐採範囲に面するように外縁部のマーキングを行っている

## 丸太を使ったメッセージ

現場では丸太を使ったメッセージで従事者間のコミュニケーション、情報共有を図る工夫もあります。高い切り株（1・3m程度）や置かれた丸太などです。例を示します。（図8～10）

▲図8
1.3mの高さの切り株を作り、保護すべき箇所を示している例。ここでは、写真中央部にある炭焼窯保護への注意メッセージとして使われている

▶図9
搬出路にそって数本の丸太が並べられているときのメッセージは、「この搬出路に立ち入るな！」である

◀図10
適時・的確なコミュニケーションが要求される状況をよく表した写真。冬の間、雪の壁の上に椪積みされていた丸太が、雪が解け始めたことで道路の方へ滑り出す危険が発生している。トラック運転手へ至急丸太を積みに来てもらうよう電話することが、重大な事故を回避することにつながる

特集5

# 人間理解に基づく安全技術

**安全に作業を行うためには、できるだけ安全な労働環境を作り出す技術が必要です。本特集では人間理解に基づいたさまざまな安全技術について紹介します。**

ペル＝エリック・ペルソン／編集部訳

## 安全な作業を心掛けることで余裕が生まれる

作業をどれだけ注意深く、また綿密に計画したとしても、誰かを傷つける危険性は常に残ります。しかし、安全な作業を心掛けることで生まれる余裕が、作業の危険から自らの身を守ることになります。これは同時に、自らが操作する林業機械の周辺に、偶然居合わせた人たちに対するリスクを減らすことにもつながります。

どんな作業であっても安全規則を常に守らなければなりません。安全作業に対する取り組みが、自身にも、また他者にも影響を与えます。安全規則から外れた不適切な動作によって、同僚やその家族に深刻な影響が及ぶことを肝に銘じましょう。

## もっとも起こりやすい事故

事故はさまざまな要因で起こります。労働災害の一番の原因は、機械の転倒やその類ではありません。それよりもオペレータが機械の周りで動いているときや機械からの上り下り、機械の運転中に起こります。

例えば、機械の登り降りでは、「3点支持」を基本とします。つまり、2本の足と1本の手、または2本の手と1本の足で機械にしっかりとつかまります。そして、手か足を1本

**機械の上り下りは3点支持が基本**

機械回りの上り下りでは、常に「3点支持」を心掛けます

ずつ動かすことで安全を保持します！

機械から降りるときには、飛び降りてはいけません！ キャビンの中で座っていると、身体を動かすためのウオームアップができていません。そのようなときに、高いところから飛び降りたりするべきではありません！

また、機械に乗る際に靴底にオイルが付いていると危険です。

## コミュニケーションで安全確保

現場のさまざま場面で、チーム内のコミュニケーションによって安全性を確保することができます。例えばハーベスタに近づく際には、そのオペレータにまず声を掛けてから近づくなどのコミュニケーションが必要です。以下にポイントを挙げます。

・無線や携帯電話を使って、ハーベスタに接近中であることをオペレータに伝えます。
・無線がない場合は、腕を大きく振るなどして、自分が近づいていることをオペレータに知らせます。
・夕暮れ時や夜間の場合は懐中電灯を必ず携行し、光を使ってオペレータに伝えます。
・オペレータがあなたの存在を確認したことが分からないうちは、機械に近づいてはいけません。あなたが近づいたことが分かれば、オペレータはエンジンの回転数を落とすはずです。

キャビンからの飛び降りは厳禁

### 事故が起きたら119番

緊急通報番号は、国によって異なりますが、スウェーデンでは緊急通報番号（112）に電話をかけると、救急車やその他の緊急車両に直接つながります（＊編集部注）。

緊急コールセンターは事故の説明を聞いて、救急車とほかの緊急車両またはその一方を派遣するかどうかを判断します。救急隊はまた、必要に応じて、オフロード車両も保有しています。救急隊の事故現場における最優先課題は、つぶれたキャビンを切断もしくは分解したり、機械を持ち上げたりして閉じ込められた人員を解放し、公道へ運ぶことです。

### ＊編集部注・位置情報通知システム

日本では、携帯電話・ＩＰ電話等（IP電話、直収電話のうち050で電話番号が始まる電話サービスを除く）からの119番緊急通報に関しては位置情報通知システムの運用が行われています。このシステムでは、携帯電話・IP電話等から119番通報すると、音声通話と併せて通報者の発信位置に関する情報が、自動的に消防本部（非常備消防の場合は町村役場等）に通知され、指令台において電子地図上に表示されます。

特に屋外からの通報で住所不案内の場合も多い携帯電話からの119番通報では、通報者の発信位置を迅速に把握することが可能となるシステムです。

# 機械の取り扱いに関する安全技術

## 機械操作の一般ルール

機種を問わず、機械操作のルール例を以下に挙げます。

・機械のエンジンが掛かっている場合には、機械から離れて安全な距離を保ちます。

・休憩所や機械のキャビンには保温用の毛布を常備しておきます。脚の骨折などのケガの際には、毛布が被災者の身を助けることがあります。少人数で現場をこなす伐採班では、すぐに事故の被災者を担架で運ぶことができない場合があります。そのようなときに保温のための毛布が役に立ちます。

## イグニッションキーを抜いてからメンテナンスを行う

基本ルールは、エンジンが掛かっているときに機械には決して触ってはいけないということです。

エンジンがオンの状態では、たとえ機械が止まったとしても、完全に機械設備がそのまま動かないことを信じてはいけません。機械が作動していなくて、誰も機械を操作していないとしても、バルブが故障したりして、機械が動き出すことが全くないとは言えません。

機械を扱う作業に関連して起こる事故には、さまざまな要因があります。例えば、ハーベスタヘッドに潜り込んで、溶接なりシリンダーの取り外しといった作業をしなければならないときがたまにあります。そのようなときには、メインのパワースイッチをオフにして、イグニッションキーを抜いてポケットに入れておくようにします。これによって、意思のすれ違いによる悲劇が起こるリスクをで

▶機械回りに人間がいてエンジンが回っている状態では、オペレータはレバーとボタンから手を放すこと。「何もさわるな！」

▼エンジンが作動している状態でヘッドの中に入り込んで作業を行うのは絶対禁止です。最善策は、下写真のような作業に取りかかる前にメインのパワースイッチを切ってキーを抜いてポケットに収めることです

きるだけなくすことができます。このことで1人がヘッドを溶接している間に、もう1人が機械に乗って潤滑のためにエンジンを始動させるといった状況を避けることができるのです。このような事故が実際に起こっています！

## ヘッドの下には入らない

機械の取り扱いにおいて留意すべきその他のルールには、以下のようなことがあります。

- 吊り荷の下で作業しないこと。宙に浮いた状態のグラップルやヘッドの下に入ってはいけません。
- ヘッドと機体（例えば、ホイールなど）の間は退避ルートがふさがれてしまうので、留まってはいけません。

## バッテリーの爆発の危険性

機械を扱う作業の中でももっとも危険な部類に入るのがバッテリーに関するものです。

バッテリーの電極やクランプ、ブースターケーブルに何かをつなぐ際は、防護メガネを着用すること！

バッテリー回りのリスクとは、水素と酸素の混合物が適切に揮発されない場合、爆発のリスクが非常に高くなり、火器やタバコの火で爆発することがあることです。バッテリーが爆発すると、その上部は吹き飛び、重篤なケガにつながるおそれがあります。

バッテリー液が目に入った場合は、すぐに流水で洗い流し、完全に除去できるよう15分間続けるようにしましょう。その後に医師の診察を受けましょう。

## 高圧ホースの危険性　―「作動油の注射」を避ける

燃料や作動油、潤滑油、チェーンオイルに直に触れることは避けましょう。これらの物質はすべて強いアレルギー反応を引き起こします。

圧力のかかっているホースや配管に素手で触れることは特に危険です。エンジンが回転している状態で漏れを探している場合、素手で配管やホースに触れるようなことはしてはいけません。

エンジンが動いていると高圧のホースに極小の穴が開くと、いわゆる「作動油の注射」が起こります。最悪、高圧ホースを手で握った状態のときに破損した場合、高圧の作動油が瞬時に噴き出し、手に穴があくほどの怪我をするおそれがあります。作動油の注射は極めて危険です。作動油が人体へ注入されると、生体組織が破壊されます。オイルが体内に入ると注入された身体の部位を切断しなければならない危険性もあります。場合によっては死に至ります！

作動油の注射の被害を受けた場合は、緊急医療センターの処置を受けなければなりません。そして、通常のケガとは処置が異なるため、医師に作動油の注射にかかったことを伝える必要があります。適切に処置されれば後遺症をかなり抑えることができます。

決してオイルが漏れている配管やホースに素手で触らないこと！

# フォワーダ操作の安全技術

## キャビンの脇で椪を高く積まない

フォワーダから材を積み下ろして椪積みする際、キャビンの窓の高さまで丸太を積み上げるのは非常に危険です。丸太が機械の方へ滑ってきてキャビンに突き刺さると、オペレータのケガにつながり、場合によっては致命傷になります。

## 荷台のゲートを越えて荷を積み込まない

フォワーダの荷台には、ゲート（荷台との仕切り）よりも高く材を積み込んではいけません。キャビンのリアウィンドーは、ゲートを通り越して滑り込んでくる丸太の衝撃を受けきれるほど強度があるとは言い切れません。

フォワーダが下りの状態で積み込みを行う場合、可動ゲートをトップまで上げておくこと

▶経験豊かなオペレータに起こった事故です。下り斜面の現場でグラップルで３本の丸太をつかんで、荷台に積むためにゲート（仕切り）の上まで持ち上げたところ、１本の丸太がグラップルから滑り出し、リヤウインドーを直撃しました

▼フォワーダが下りの状態で高く積みすぎるのは危険。元口を手前にして丸太を積み込むと、グラップルから丸太が滑り出すリスクが高まります

**荷を積んだ
フォワーダは
バックさせない**

後方に誰もいないことが確実でなければ、荷を積んだフォワーダを林道で後進させていけません

# ハーベスタ操作の安全技術

## キャビン方向に送材しない

ハーベスタ作業で、造材時に幹を機械方向に送ることは、時には合理的な方法である場合もありますが、誤ってキャビンの窓を破るほどに勢いよく材を送らないように注意が必要です。キャビンの窓は材を止めるほど強靱なつくりではありません。

## ハーベスタの立入禁止区域

スウェーデンではハーベスタの立入禁止区域は70mに指定されています（＊次頁）。これはすなわち作業中のハーベスタにはオペレータを除いて、誰も70mより近くにいてはならないことを意味します。この安全ルールは、作業中のハーベスタの70m圏内にある林業機械の中にいる者にもあてはまります。

70mの立入禁止区域は、チェーンショットのリスクを考えれば決して過剰ではありません。つまり、鋸断中にハーベスタのソーチェーンが切れると、鋭利なチェーンリンクは銃弾と同じ速さで飛んでいきます！（60頁写真）さらに悪いことに、この種の切れたチェーンは空中で急に向きを変えることもあります！

キャビン方向への造材は、木口がキャビンに向かってくる点で常にリスクのある作業です

大きくアームを伸ばして伐倒しているため、伐倒時に木をキャビン方向に寄せようとすると、勢いで根元をつかんだままのヘッドがキャビンにぶつかるおそれがあります

＊日本では、ハーベスタによる伐採時に立入禁止となる区域は、労働安全衛生法令等の改正を踏まえて、林業・木材製造業労働災害防止規程で次のように定めています。「伐木等機械による作業を行っている場所の下方で、原木の転落または滑りによる危険を生ずる恐れがある箇所」もしくは「伐木作業では、運転席から伐倒する原木の高さの2倍以上を半径とする円の範囲内」。この立入禁止区域を順守することとされています。

▲ハーベスタの油圧シリンダーに、絵文字で立入禁止区域が 70 m であることが表示されています

▶鋸断中にソーチェーンが切れ、チェーンリンクが弾丸のように飛んで、機械の鉄製シャーシに食い込んでしまいました

# 人間理解に基づくオペレータ作業の安全技術

## レバーを離して休憩をとる

機械の操作中、定期的に「ごく短い休息」をはさむ習慣を取り入れることはとても大切です。これは、レバーを放して10～15秒ほどリラックスする時間をつくるという意味です。加えて、1時間に1度は5分間の休憩をとると良いでしょう。この休憩の間に、業務にどのように取り組むべきかや、作業のベストな進め方などに考えを巡らせてみましょう。

## シートは正しく調整して座る

シートは、自分の最適な位置に調整しましょう。自分の身体に合う位置にアームレストを置くことも覚えておきましょう。アームレストに腕を乗せた状態で、肩が上がらない

この写真のオペレータは、グラップルで木をつかもうとして、過度に首を回し、身体をひねって作業を行っています。フォワーダを少し左方向に移動させて作業すべきです

◀機械の指導員はよく「尻で運転する」と教えます。自分の身体が機械の動きにどのように影響を受けているかを常に知覚することを意味しています。もし機械の振動が自分の尻や身体のほかの部分に伝わるような運転をすれば、キャビン内は快適な環境ではありません。たとえまっすぐな道で不快に感じなくとも、振動（連続した揺れも、断続的なガタガタも含む）は身体を害することがあります

## 機械の振動を計測し、作業環境を改善する

スウェーデンの企業であるCVK社は、機械の快適性と耐久性向上のため、水平方向と垂直方向の振動を計測する製品およびシステムを開発しています。この計測により、機械の動きが正確に表示され、運転方法によってオペレータに伝わる振動に関する情報を収集します。システムではゴム製シートパッド（右下写真）がデータを集積し、「Vibindicator」（左下写真）へ信号を送信します

▶キャビンに取り付けられた「Vibindicator」は、振動の情報を受信・集積します。この機器は、オペレータに伝わる振動の量をLEDライト（緑・黄・赤）の色で表示します。その色によって運転による振動が作業環境にどのくらいの影響を与えているかを判断することができます（左写真）
シートに据えられた、ゴム製シートパッドが振動を記録しています（右写真）

位置がアームレストの正しい位置です。
アームレストを留めるネジは緩むことがあるので、定期的に確認しましょう。シートベルトは、機械の操作中の姿勢を正すために装着するべきです。

## 機体を操作しやすい位置に動かす

ローダー操作時には、できる限り操作しやすい位置に機体を持ってくるようにします。この位置取りを忘れると、必要以上に首を回すことになります。首を回す代わりに、機械を動かしましょう！

## 機械の振動への対応

機械が始動すると振動が発生し、それが床やシート、ジョイスティックを通してオペレータの身体に伝わります。重要なポイントは、水平方向（前後方向、左右方向）の振動は垂直方向の振動とほぼ等しく、身体に影響を与えるということです。

最近の機械は、以前よりもキャビンの寸法が高くなっていることがあります。したがって、オペレータは車軸からより離れた位置に座ることとなり、ひいては横揺れが増大することとなります。さらに、シートは通常、水平面の揺れを減らすよう設計されていないため、横の動きはシートで減衰されることはありません。加えて、今日ではタイヤはより固く、より空気圧を高める傾向があり、それはますますオペレータの環境を害する結果となっています。

現代の機械でも、全身振動に関しては、運転が人の健康に深く影響することが知られていた1980年代の機械とほとんど変わりがないと言えます。このことは重く受け取るべき点です。オペレータは、自身の身体が快適と感じられるように機械を運転し、上記のストレスをできるだけ少なくするべきでしょう。

## 身体をひねって運転しない

オペレータは作業中にさまざまな理由で身体を回すことがありますが、身体をひねっている体勢は、特に機械の動きに影響を受けやすくなります。よくある例としては、フォワーダの荷を満載にした後に、首を後ろに回して荷を見ながら前進するということがあります。荷の状態に注意を払うのは重要なことなので、短い距離で肩越しにチラッと見るのは全く問題はありませんが、こうした走行の仕方はできるだけ避けましょう。

## 作業環境を総合的に検討する

多くのオペレータにとって、キャビン内での作業というものは、何時間もの反復動作を伴うものです。首や肩、胸部の痛み（反復運動損傷）は、多くのオペレータが経験しているものです。

作業環境を改善するためには、さまざまな要因が元となったストレスにオペレータがさらされていることを理解することが重要です。こうした疾患を予防する方法を知ることも同じように重要です。

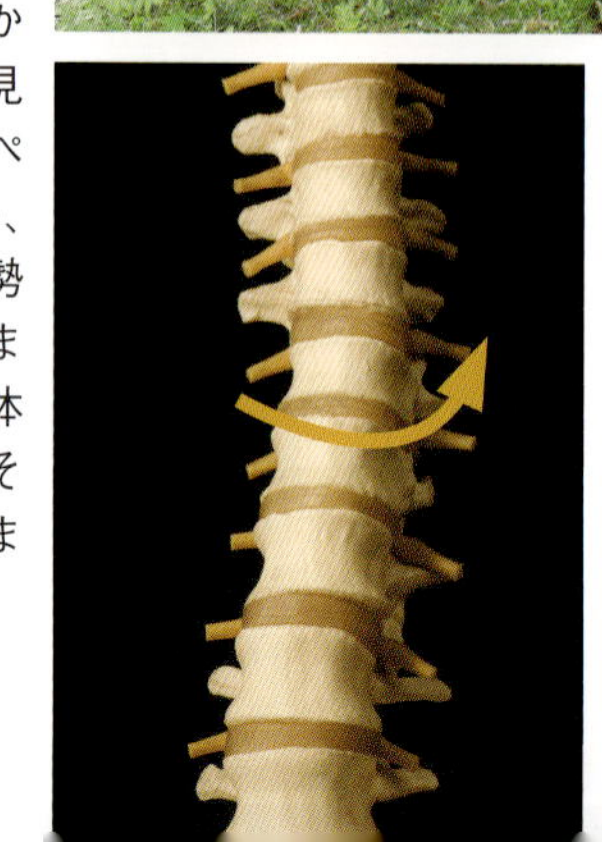

### 機械の振動に影響を受けやすい体勢

写真のオペレータは、荷が傾いていないか、または荷が滑り落ちる可能性がないかを確かめるため、身体をひねって肩越しに後ろを見ながら速度を調整しています。その時、オペレータの右足はアクセルを踏んでいるため、身体全体をひねる状態になります。この体勢では、機械の振動に影響を受けやすくなります（右写真がそのときの背骨の状態）。身体をひねる体勢はできるだけ避けましょう。その代わりに、ミラーを使う習慣を身に着けましょう（上写真）。

# 安全はすべてに優先する

## 安全に対して雇用主は一番の責任を負う

雇用主は常に安全に対して一番の責任を負います。第一に雇用主は、社員（被雇用者）が健康を害したり事故が起きたりするリスクを作業から取り除くことを徹底する責任があります。

## 社員も安全に対する一定の責任を負う

安全責任は雇用主に帰結しますが、社員にも一定の責任と事故を起こさないよう努める義務があります。そして、社員は職場で問題を発見した際は、上司や雇用主へ報告しなければなりません。

## 安全は生産性に優先する

オペレータは時に、自分が実際に行える以上に生産しなければというプレッシャーを感じることがあります。そうなると、安全規則を拡大解釈する気持ちが芽生えますが、プレッシャーを感じたからといって規則を破るという状況はあってはなりません！　材を数㎥多く生産することが、自身や周囲の人の安全を損なうことに勝るということは決してないのです！　最初から最後まで、常に安全第一の気持ちを持つことです！

緊急時にすぐに現場を離れて家に戻れるように、車は方向転換をしなくてもよい方向に向けて停めておくこと！

# チームワーク構築術

## ソーシャルスキルとチームスピリット

伐採班が高い生産性と優れた成果を上げるためには、当然ながら個々のメンバーそれぞれが責任を持って仕事に当たらなければなりません。当然、チームワークもまた非常に重要です。良いチームワークは、全体の生産性や作業の品質、機械や装置の稼働率、消耗品管理、そして仕事への満足度を向上させます。

チームの心は1つ、チームスピリットはいつでも強力でなければなりません。伐採班のチームとしての目標を定め、全員で強い気持ちを持って目標に向けて進まなければなりません。自身1人だけで課題を解決できない時には、スパっと気持ちを切り替えて、チームのメンバーに協力を求め、課題解決に向けてサポートしてもらう関係を築いておくことが大切です。

## オペレータ技能を高める向上心とソーシャルスキル

オペレータには自身の行動とその仕事の成果に対する責任があります。長時間にわたって、オペレータは機械を酷使しないようにしながらも、高い生産性を維持しなければなりません。ときにはリーダーにアドバイスを得ようとしても携帯電話がつながらず、重要な決定を自身で下さなければならないこともあります。オペレータは、継続的に技能を高めるという向上心を持つべきです。

一方、オペレータはチームで仕事をしているため、「一匹狼」のような言動は慎むべきです。他人との関係において、衝突や誤解を避けるためのふるまいや行動、ソーシャルスキル（対人関係と集団行動を上手に営んでいくための技能）が求められます。ほとんど毎日他人と協力し合うことが求められる伐採班において、これは極めて重要なスキルとなります。

## 「黄金律」に従って行動する

強力なチームスピリットを育み、良い成果を上げるための考え方を以下に示します。

「自分にしてもらいたいように人に対してせよ」。この古くから知られた格言は、一般に黄金律（Golden Rule）と称されています。自分にしてもらいたいことを、同僚に対しても行うようにしましょう。勤務時間の調整や自分の役割をきちんと果たし、自らの仕事をきちんと進めた上で、同僚にも同じことを期待すべきです。

日々の仕事で実践すべきいくつかのシンプルなルール「黄金律」を表にしました。

### 黄金律ーチームスピリットを育む方法

- 自分の機械に責任を持つこと。十分な機能を果たせるよう、保守点検のやり方を学びましょう。
- 自分自身や同僚に対して正直であること。真偽のほどが不確かな噂を広めてはいけません。
- 批判を甘んじて受けることを学ぶこと。批判がもし正しいとしたらと仮定して、ふるまいや行動を正しましょう。
- オペレータとしてのスキルを向上させること。資格を持った指導員の協力が必要だと感じたら、管理者へ伝えましょう。
- 専門知識やノウハウをチーム内で積極的に共有するようにしましょう。例えば、もし同僚がたびたびガイドバーを曲げてしまうような仕事をしているようならば、そのことに対する自らの技能や知識をしっかりと伝えましょう。

## 指導と士気

従業員の能力向上を本気で考えている会社で仕事ができるとしたら、それは本当に幸せなことです。人は安心して仕事に携わることができること、また仕事内容に対して納得することができてようやく本来の能力を発揮できるものです。その時個人としてもチームとしても成長することができます。そして、その時1＋1が2以上になるのです！

作業班でのオペレータの役割は重要です。オペレータは常に士気（自分のやる気）が同僚にどのような影響を与えるかに考えを巡らせましょう。

オペレータの士気が周囲に波及すれば、チームの雰囲気も良くなり、生産性も上がることでしょう。例えば、同僚の働きぶりを認めて、褒めることです（たまにしかしないよりは、多すぎる方が良い）。同僚には、忠告（ポジティブ、ネガティブの両方）も忘れてはなりません。班の誰かがもっとうまくなれば、班としての成果が高まり、仕事も高まると感じたとしたら、彼にそのことを建設的な方法で伝えてあげましょう。

## 新しい同僚は歓迎しよう

新しい同僚は歓迎しましょう。「自分は歓迎されている」と新しい同僚が感じることは重要です。新人が、新たな作業環境で能力を発揮するには、職場への安心感を持つことが必要です。そのため、親しみのある歓迎が極めて重要になります。

といっても、班の一員としてのあなたの役割は特段むずかしいものではありません。新人には丁寧に仕事の段取り、手順を伝えましょう。作業に対して疑問を抱いたり、作業中の困難に直面したりした際に、新人が気軽に会話できるような環境を作りましょう。作業に取りかかる前に、コーヒーでも飲みながら軽く話でもできれば、新人の気持ちもほぐれ、やる気も高まるでしょう。そうすることで、新人はより仕事に対する理解が進み、現場に首尾良く対処できるようになるでしょう。

新人の立場に立って、新人がしてほしいことをしてあげましょう。

林業現場の安全第一

奥田吉春（技術士）
森林総合研究所生産技術部長、林材業労災防止協会安全管理士を経て、
現在は奥田技術士事務所（森林部門）代表。
著書：『機械化のデザイン』（共著）全国林業改良普及協会、
『高齢化林業社会における適正作業』（共著）林業科学技術振興所、
「労働安全のヒント 林材安全」林材業労災防止協会（平成18年1月〜執筆中）など

# チームでエラーを減らす

## 林業機械と作業システム

さまざまな機械が稼働する林業の作業現場では、機械の性能や役割などを作業者が理解することが重要です。伐出生産で成果を挙げられるかどうかは、「現場作業者の腕次第」とも言われますが、大事なことは、さらに作業チームとして機械を活かしてこそ、機械の存在意義が生まれることになります。

伐出現場の「作業システム」は、「作業」と「機械」と「人」の有機的な組み合わせであり、「伐倒」「枝払い」「造材」「搬出」までの一連の作業プロセスと言えます。つまり、立木を丸太にして土場に集積するまでの作業工程は基本的に変わらないのですが、それらの工程の順番は、機械の選択や作業者の配置でさまざまな選択肢があり、その結果は効率性や安全性を大きく左右することになります。

作業システムの構築にあたって、導入する林業機械は重要な要素となります。特に新しい機械の導入は大きな投資となり、重要な経営判断が求められます。例えば、ハーベスタとチェーンソーを比較すると、前者は「伐倒」「枝払い」「造材」まで一気に行うことができ、その効率性に圧倒的な差が生じます。したがって、機械導入の判断基準には、「購入コスト」のほか、「事業量」「稼働率」「システムの生産性」、さらに「メンテナンス」や「維持管理費」などのコストや、オペレーターの確保などの要素が重要と考えられます。

わが国の林業で導入されてきた、いわゆる高性能林業機械は、2つ以上の作業工程をまとめて作業できる機械のことを指してきました。欧米では、以前から大型の高性能林業機械が導入されてきましたが、わが国は急斜地の山林が多く作業条件も厳しいことなどから、機械の小型化や軽量化が求められ、わが国の林業に適した高性能林業機械の開発へと繋がってきたと言えるでしょう。

わが国の林業では、後継者不足と国産材の低迷などとあいまって、「安全で効率的な低コスト作業」が目標とされてきました。そして、最近の林業の作業現場では、伐木、造材、集材等の作業を行う機械「木材伐出機械」の多様化・高性能化が進められてきています。

ところが、これらの機械を使った作業では、従来型の伐木、造材、集材作業とは全く異なる災害リスクを考慮しなければなりません。例えば、「集材車ごと道から転落し、下敷きとなる」「グラップルでつかんだ材が脱落し、近くにいた人に激突」「重機が旋回した時、後方にいた人に激突」「ワイヤーの巻き上げ合図を誤り、材に激突される」などです。こうした木材伐出機械を原因とする死傷災害が増加していることもあり、労働災害の防止を図るために必要な措置が規定されました。

これまでは、木材伐出機械等のうち、「機械集材装置」「運材索道」については安衛法令が適用されていましたが、平成26年から、「伐木等機械」「走行集材機械」「架線集材機械」等の「車両系木材伐出機械」、ならびに「簡易架線集材装置」についても、安衛法令上の木材伐出機械等として、新たに規制の対象となり、所定の特別教育を修了しなければならないことになりました。

今回の特集は、「欧州に学ぶ重機オペレーションのテクニックと安全確保術（序論　欧州の重機扱い事情とオペ教育環境（EUによる教育等））です。その内容は、「作業安全」「作業環境」「機械オペレーター」「コミュニケーション」などですが、字数が限られていることもあり、ここでは「チームでエラーを減らす」をテーマに限定して考えます。

## チームでエラーを減らす

現場の作業環境が複雑になると、作業者がエラーをする確率は高くなると考えられます。そのための対策として、例えば「車両系木材伐出機械作業についても十分な検討を行い、不適切な作業をしないように注意する」「安全教育や懇談会を開き、安全意識を高める」「ヒヤリハットを調査し、作業システムを改善する」などが検討されるのではないでしょうか。しかし、号令をかけるだけなら簡単ですが、「注意の喚起」「安全意識の高揚」「作業システムの改善」などといった標語の連発だけでエラーが減らせるのなら、林業の労働災害はとっくになくなっているはずです。

林業の現場でも、注意して作業していても日常的なエラーが繰り返されるのが現実です。しかし、こうしたエラーも普段はそれほど大きな問題にはならないでしょう。また、事業者が新しい作業システムを導入しようとするような場合でも、作業班がチームとして十分に機能していれば、チームとしてのチェック機能が働き、それによって小さなエラーが大きな災害になることを防いでいると言ってもよいでしょう。

「同僚の不安全行動を他の作業者がチェックし、疑問があればすぐに指摘し訂正させる」、これだけのことがきちんと機能していれば、エラーの頻度は減少するはずと言われます。ところが、実際の作業現場では、こうしたチームとしてのチェック機能が十分に働かないことが多く、重大災害になってしまったケースがあることが報告されています。

## チームワークの不足

林業でのチームワークとは何でしょうか。例えば、森林作業は「持続可能な森林の整備に向けて林産物を収穫する」という目標達成のための活動であると言ってもよいでしょう。つまり、林業の現場作業におけるチームとは、ある目標を達成するための2人以上の集まりと言えます。木材を伐採搬出するという目標で集まった瞬間からチームなのです。そして、ワークとは「PLAN→DO→SEE」のサイクルで作業をすることであると言われますが、誰かの指示によって作業するのは、ワークではないという説もあるようです。それをワークだと思っている人は、作業の結果に対する責任感が希薄で、「結果が悪かったのは指示が悪かったからだ」と考えていると言うのです。

林業の現場でも、チームワークはたいへん重要であり、チームワークを高めて、より安全で効率的な作業システムを構築しようとする機運が高まっています。作業現場ではさまざまな高性能な機械の導入が不可欠であることに変わりはありませんが、一方ではチームとしての作業のためにはそれだけでは不十分なのです。つまり、どのような作業システムであろうと、どのような機械が導入されようと、作業そのものは人間が行うものであり、従ってチームワークが班作業にとって重要なポイントであることに変わりはありません。

そして、チームワークの不足は、コミュニケーションと密接に関係すると言われています。森林作業のように複数の作業者が同時にかかわることが多い現場作業では、コミュニ

図面を使った正確な情報共有は、コミュニケーションの土台。

ケーションの不足が大きなエラーの共通した要因となっていることは、これまでの経験からも言えるのではないでしょうか。

そこで、チームとして作業をする上で重要なことの1つは、コミュニケーションだと言われます。さまざまな作業環境の中で、お互いが適切な情報を交換し作業の進め方を見直しながら作業することで、作業班としてのチームの目標を達成することができるのです。ですから、チームが成立するためには「協力する」ということが不可欠なポイントになるのではないでしょうか。

「協力する」ためには何が必要でしょうか。そのためには、まず、作業班が目指す目標を作業者全員で共有していることです。作業班としてのチームとして必要なことは「目標を共有し」、作業者が作業しやすい状況を作りだすことです。それぞれの作業者は、技術・技能の向上に向けて役割を果たす、これこそが作業班としてのチームには必要であり、チームワークの理想の姿ではないでしょうか。

チームワークとは、そういう環境の中で個人が協力し合い、自分の力を最大限に発揮してより高いパフォーマンスを目指すことであると言えるのではないでしょうか。

## コミュニケーションの欠如

コミュニケーションは、作業者間の情報を

伝達する手段として極めて重要です。特にチーム作業では、必要な情報はコミュニケーションにより伝えられます。とは言え、人間は受けた情報のすべてを処理することはできません。一部の情報だけを利用し経験的な勘をもとに判断したり、先に結論を決め、その結論に合うような処理をしたりするのが、人間の情報処理の特徴であると言われます。また、コミュニケーションを含めて人間の情報処理は、効率性を優先させることから「誤伝達」が避けられないとも言われています。

コミュニケーションの目的は、単に「情報を伝える」だけではありません。「共感」、「共有」や相手の「行動の制御」をも含んでいると言われます。つまり、コミュニケー

- **チーム目標の共有**
- **適切な情報の共有**
- **同僚の仕事の理解と尊重**
- **チームのエラーチェック機能**

**適切なコミュニケーションで、チームの安全作業**

ションが成立するのは、適切な「情報を伝える」だけではなく、相手が注意を向け、情報を受け取り、さらに的確な理解をしているかどうか、さらに同僚からのエラーのチェックを素直に受け止め訂正しているかどうかなど、という点にかかっているのです。

チームの共同作業では、適切なコミュニケーションなしには正しい作業はできないと言っても過言ではありません。不十分なコミュニケーションでは、作業の効率を低下させるだけでなく、エラー発生の原因にもなり災害発生に繋がる可能性が高くなるでしょう。

## エラーの指摘ができるチーム

どんな小さなエラーでも、見つけたらちゃんと指摘する。それはチームの安全にとって、欠かせない重要なポイントです。ハインリッヒの法則などが示すように、「大きな災害は小さなヒヤリハットから生まれる」という認識が大切です。個人それぞれの考えだけでエラーを指摘する、しないを勝手に判断することは、避けなければなりません。もちろん、そうかと言って、ミスを指摘しなかった個人の責任を問題にするだけでよいわけがありません。そんな場合もあるでしょうが、チームによっては、エラーに気づいてもそれを指摘できない雰囲気だってあるのではないでしょうか。「小さなことをいちいち指摘するな」「そんなことはやるのが普通だ」、こんなことを言われるような現場では、とくに小さなエラーなど指摘できる雰囲気とは言えません。

「人はミスをするもの」「お互いがプロとしていい仕事をしたい」「自分で気づかないエラーの指摘は有り難い」、現場の作業者にこうした気持ちが強くなってくれば、どんなささいなエラーも、お互いにどんどん指摘しあおうとする意欲もわいてくるのではないでしょうか。ここで、事業者や管理監督者などリーダーの姿勢が問われることになります。作業者の指摘に対して、「気づかないエラーを指摘し合うのは安全作業のために大事」というような受け止め方をされれば、エラーの指摘は効果百倍です。とにかく、作業チームの反応が、組織の健全さを保てるかどうかにかかっていると言っても過言ではありません。つまり、「小さな指摘に、大きな感謝」の精神です。ともあれ、一番大切なのは、事業者をはじめとするリーダーが率先して、「エラーの指摘」をきちんと評価する態度を示すことではないでしょうか。

## エラーを チェックし合えるチームづくり

エラーをチェックする上で大事なことは、チェックをする人がチェックをする能力を備えているかどうかです。チェックすることの意味を理解し、きちんとしたチェック能力を身につけ、お互いが自由にエラーを指摘できないとその効果が期待できないでしょう。

エラーの指摘ができないのは、「間違いへの確信が持てない」「人間関係の悪化が心配」「自分もする間違い」などが原因であるとされています。また「エラーを指摘したいけれど言えない」、そうした雰囲気がチームにあり、「小さなことをいちいち指摘するな」「そんなことはやるのが普通だ」など否定的な反応が返ってくるようでは、小さなエラーなど指摘できるわけがありません。繰り返しになりますが、ハインリッヒの法則が示すように、「大きな災害は小さなヒヤリハットから生まれる」という認識が大切であり、どんな小さなエラーも見つけたら的確な指摘をする、それはチームの安全にとって欠かせない重要なポイントなのです。そのためには、確かな技術・技能を身につけること、そして「何が危ないかを感じ取る力」など、危険に対する感受性を身につけることではないでしょうか。さらに、作業班長などのリーダーには、「エラーの指摘」に対して発言しやすい雰囲気づくりが求められます。また、指摘を受ける側の作業者は、「誰に言われたか」でなく「何を言われたか」と考えることであり、大事なのは「聞く耳」を持つことではないでしょうか。

# 「間違っていませんか女性とのつきあい方」

## 現場人を支える妻のホンネ

林業の現場仕事に就く女性に注目が集まっています。キラキラと眩しいくらいの活躍。ほんの数年前までは男ばかりの世界、女子と話すのは学校卒業以来って声も聞こえて、男性がとまどうのも仕方ないかもしれませんね。今回は、そんな男子の悩みや質問に、林業現場人の妻のわたくしがホンネでお答えする企画。ご参考になれば幸いです。

文　石井圭子

## プライベートなつきあい方編

**質問1**

**自分は話し下手なのが悩みです。何か話さなきゃと思うと苦痛です。女性とのつきあいでは、やっぱり話しがうまい方がいいのでしょうか。**

**回答**　受験でも就活でもコミュ力（コミュニケーション能力）求められる現代なので、話しがうまい人は座布団一枚多めにもらえるかもしれませんね。

しかし、男女問わず人間関係において無理は禁物。化けの皮は必ずはがれますから。「自分は人と話すのが苦手なんだけど、別にあなたのことが嫌いというわけではないので、黙ってても誤解しないでね」って、先に言葉で言ってカミングアウトしちゃいましょう。そしたら沈黙の気まずい空気が流れたときも「それ、オレの責任じゃないもんね」って知らん顔していられますから。自分に誠実であることが相手への誠実でもあるんですよ。

昭和時代の話で恐縮ですが、テレビＣＭで「男は黙ってサ○○ロビール」っていうのが流行って、寡黙な男がモテた時代がありました。そのとき高倉健は男が惚れる俳優で、彼の映画にはセリフの前に長い間があり、「言葉の重み」があったのです。

今は、人がしゃべっているのを遮って割り込むくらいでないと芸人としては売れない時代。ですけど一般人がやると痛いだけですね。

しゃべりたいことの80％くらいは呑み込んで黙ってるくらいの方が本当に言いたいことは伝わるものなんです。「沈黙は宝なり」これ5回繰り返して言ってみましょう。

ただし、ここを勘違いしてはいけないのですが、口はしゃべらなくても目や耳はきっちり動かしましょう。

話している相手の顔を見て、「ちゃんと聴いてますよ」と態度で示すことが重要。べつに演技だって構わないんです。

ネットやＳＮＳで饒舌な人も、生身のときはこのこと忘れないでくださいね。

親友でも恋人でも夫婦でも「あなたの話しには関心ありません」って態度を取った瞬間に永遠のさよならが待っていますから。

### 質問2

**つきあい始めた彼女に、どんな仕事をしているのか聞かれましたが、うまく説明できませんでした（現場のこととか）。**

**仕事のことを知って欲しいという気持ちはありますが、どう伝えたらいいでしょうか。**

**回答**　急傾斜の広大な森林を足で調査し、樹幹を見上げ将来の森をイメージしながら選木し、チェーンソーでは狙った方向にピタリと伐倒し、高性能機械を手足のごとく操り、キャタピラは道幅すれすれ。

「愛の誓い」へたどりつけるか？

この仕事にはどれほど高い能力と熟練を要することか。しかし残念ながら、現場で一緒に作業をしないと、この凄さは本当には伝わらないのです。

なので「完全にわかってもらうのは無理」という前提でスタートしませんか（おおかたの人間関係においてこの態度は健全です）。

ちょっと関心を持っていただいただけで充分でございますって謙虚さ、大切ですね。

取っ掛かりはファンタジー調でいかがでしょう。「ボクの仕事は木と対話すること」、「１００年の森をつくっています」、などなど。森で出会った動物など、日々の楽しい出来事とか小出しにするのもいいですね。あまり言わない方がいいのは「どんだけ危険で大変か」。これ、わかってもらえないと思っておかないと自分が傷つきますからね。

こんな話題を続けても彼女が関心を持ってくれない場合、問題は別のところにありそうですから、二人の関係は見直した方がいいでしょう。

もしも彼女が興味を持ってくれたら具体的な解説に移行してみましょう。いつの日か二人の会話に、受け口、掛かり木、なんて単語が普通に出たら、それは永遠の愛の誓いと同じ言葉です。末永くお幸せに。

## 職場でのつきあい方編

### 質問3

**現場に女性新人が入ってきて、自分は指導役をやって欲しいと上からいわれています。男の後輩を指導したように同じにと思っていても、ビシビシできない時があります。遠慮というか、嫌われたくないという深層心理もあるのかなと自分で**

**も情けなくなり、落ち着かない気持ちです。アドバイスお願いします。**

**回答**　自分の深層心理を素直にみつめる姿勢には共感するのですが、残念ながら空前絶後の勘違いと言わざる得ませんね。

そもそも「男の後輩と同じに」なんて甘いこと言ってたらダメなんですよ。林業女子をなめてはイケない。彼女たちは現場にトイレや更衣室を作ってもらおうなんて望んでいるんじゃなく、いかに技術を高めるかにまい進しているんです。本気なんです。やさしく女子扱いなんてしているとマジ嫌われるし、うかうかしていると立場も追い抜かれちゃいますからね。

「ビシビシやって嫌われよう」と思って指導した方が「理想の上司」にランキングされると思いますよ。

女子が入ってくるとムードが変わります。「林業の現場をやりたい」って強い気持ちがないと女子には就けない仕事なので、その情熱は場の空気を引き締めてくれることでしょう。それに、個人差はあるにしても体力の少ない女子は気を回すことで補おうとします。例えば、作業手順を逆算して道具を使いやすい位置に置いておくとか、道具の手入れや燃料補給を隙間時間にやっておくとか、彼女たちには先を見越しスムーズに進める配慮があって、力でガンガン押しまくるより効率が良かったりするんです。

つまり指導役には、男女の特性を活かしチームとしての向上が求められているんじゃないでしょうか。いえ、難しく考える必要はないんです。彼女たちに一日も早く一人前になってもらうような気持ちで指導していたら自然にそうなりますから。

さあ、心おきなく嫌われてください。

## 質問4

**うちのほかの班には女性が二人いるのですが、年配の班長にはわりといろいろ話していたりと会話が多いようで、ちょっとうらやましくも感じます。女性にとって話しやすい男性（班長／上司）っていると思いますが、どんなところが話しやすいのでしょうか。**

**回答**　女性にとって話しやすい男性とは、要するに危険を感じない男。つまりオオカミじゃなくヒツジのような人。そうですねえ、女性からアッシー君にされてるとか、チャラ男って呼ばれている人をイメージすると解りやすいかも知れませんね。

ここで確認しておくのですが、女性にモテたいって考えているわけじゃなく、楽しくおしゃべりがしたいのですよね？

ならば、女性とおしゃべりするコツを伝授いたしましょう。

要は、たわいのない話題を延々と続けること。例えば、「卵焼きと目玉焼き、どっちが好きか」について「卵焼きの方が好きだけど、甘いのはヤダ」、「なら、ゆで卵もいいんじゃね」って続けるんです。気をつけたいのは決して論理的な話ではないってこと。卵のたんぱく質が固まる温度と時間に展開してはイケません。ゆで卵→温泉たまご→旅行→名物→ダイエット。こう流れたとしても整合性や法則性はないので、ひたすら感覚的について行くのみです。

忍耐力さえあれば、職業や年齢関係なくどんな女性とも会話できますよ。女性って何歳になっても永遠のＪＫ（女子高生）なんです。

「女性は永遠の JK」を理解している？

# 妻とのつきあい方編

**質問5**

**ちょっとしたカミさんとの約束（例えば晩メシの時間など）を自分が守らないことが多いようで、いつも言い訳していると力ミさんに言われます。守れなかった理由はあるのですが、言い方が悪いのでしょうか。アドバイスをお願いします。**

**回答**　なんど打たれても果敢に立ち上がるボクサーを見ているようで痛ましいですね。言い方のテクニックを考えている間は相手の真の姿は見えないのでしょうね。

カミさんの心理（真理）完全に読み間違えちゃってます。仕事や用事を優先する夫に「アナタにとって私はナンなの」と訴えているというのに……。

「ボクにとって世界で一番大事なのはキミだ」と、常日頃から言葉や態度で言い続けた人だけが、たまの言い訳が通用するという厳しい世界であることを忘れないで下さい。

致命的な傷を負う前に、日々の努力を怠らないよう忠告いたします。

もしも、ヨメさんが言い訳になんの反応も示さなくなったら、その時点でゴングを待たずに終了ですからね。

**質問6**

**できればヨメに現場での自分の立ち回り、部下を束ねて結構がんばっている仕事のことも理解してもらいたい、そうなればもっと待遇も良くなるのかなと思っています。けれど、自分から言うのはどうも照れくさいというか、上手く話せません。アドバイスお願いします。**

**回答**　うんうん、わかりますよ。夏の暑さにも冬の寒さにも負けず、あんなに高度な技術を使いこなし、仲間と一丸となって広大な現場を動かしている。なのに、家に帰ったらオガクズまき散らかしたって叱られ、脱いだ作業着は雑巾扱い。

だけど、先にも話した通り、自分の仕事を本当に理解してもらうのって難しいのです。

そこで一案。テレビドラマ「必殺シリーズ」に登場する中村主水（もんど）をお手本にするってのはいかがでしょうか。家では姑と嫁にイジられる冴えないムコ殿、しかし裏の顔は必殺仕事人って役。おそらく、職場でも家でもビシッと尊敬されている人って主人公にしても面白くないんですよね。それより、仕事はあんなにデキるのに家ではだらしないオヤジって落差、すごい魅力的じゃないですか。中村主水になりきってみませんか。

だけど「裏の顔＝仕事場の姿」って、その気で見ればバレバレなんですよ。本当は隠しようがないものなんです。

ほんの一例を挙げてみましょうか。町内の清掃作業では草刈りがブッチ切り速く、ＰＴＡ役員になったら他のお父さんとさっとチームワーク、お昼にラーメン作っていると思ったら使った包丁ピンピンに研いであり、消防団では体力ダントツ、などなど。あえて口で言わなくても日頃の働く姿はにじみ出るもの。本当はヨメもわかっているんです。

でも、だからと言って待遇が良くなるかと言えば話は別。私の知る限り世間から尊敬される職業、医師や大学の先生でも同じです。ＳＮＳで発信して絶賛されようが、友人経由で耳に入れようが、日々淡々と現実的な生活を送るのが妻の生態。シリに敷かれているくらいの方が家庭は平和なんです。仕事が終わって飲む一杯のビール。本当の幸せは足元にあると思って下さい。

今日、山ではどんな仕事をし、どんな出来事があったのか。全国の現場人（げんばびと）にその思いと共に、日記をつづってもらいました。

# アイアンマン

**伊東拓樹（埼玉県）**

私の組合では足腰が強く、現場までの山登りが早い人は「鉄人」と呼ばれます。秩父の自然に見惚れている私を横目に、鉄人たちはまるでプログラミングされた機械のように同じペースでどんな急斜面も上り下りし、野生の鹿のように沢の岩をピョンピョン跳ねてずんずんと進んでいきます。

山には大小様々な野生動物が生息しており、普段見ることができない動物

**名前**　伊東 拓樹
**年齢**　22歳
**仕事歴**　2年
**活動地区**　埼玉県秩父市、秩父郡
**所属**　秩父広域森林組合
**業種**　林業
**給与体系**　日給月給・出来高制併用
**キャッチフレーズ**　短気は損気
**愛用の道具**　西山商会の鉈鎌
**ひとこと**　私は短期大学（環境緑地学科）の教授の紹介で、秩父広域森林組合に就職しました。働き始めてそろそろ2年が経ち、仕事も1人暮らしもようやく慣れてきたかなといったところですが、秩父の雄大な自然にはまだまだ新しい発見と感動で、圧倒されるばかりです。昔から自然が大好きで、大人になったら山の中で働きたいなと漠然と考えていた私には、この仕事が天職かと思えるほど毎日が楽しくてやりがいを感じることができます。金銭面的にはあまり贅沢のできる暮らしとはいえませんが、好きなことが仕事になっているので、これ以上の幸せはありません。

## 1／15(月)

**天気**　晴れ　**気温**　11℃
**起床時間**　6:30
**朝食内容**　お茶漬け
**出発**　7:10
**交通手段**　車60分　歩き30分
**仕事場着**　8:50
**午前作業内容**　事務の人と2人で搬出現場（約4ha）の外周をGPS測量機（Truoluse360）を使い測量しました。その他にデジタルコンパス、ミラーを取り付けるポール、ポイントの目印に打つためのハンマーや杭、蛍光色のピンクテープを使用。ちなみに事務方の人がミラーで私がデジタルコンパスを担当。測定時はデジタルコンパスのレーザーがミラーに反射した時点でそのポイントは完了なのですぐに移動します。午前中はずっと急斜面の上りだったため、コンパスをのぞき込む首が疲れてしまいました。
**昼食内容**　弁当
**午後作業内容**　今日はいい天気です。ずっと昼寝をしていたかったのですが、渋々起きて再び測量へ。午後は下りだったので、落石に注意して慎重に降りました。今回の測量は搬出間伐後の外周測量でしたので、なるべく細かくデータを取り、現場の形状が分かりやすいように測量するのを意識しました。
**現場出発**　16:30
**本日の作業達成度**　80%（精度が高かったので良かったです）
**帰宅**　18:30　**就寝**　23:10
**今日のひとこと**　測量の精度を高くするために、デジタルコンパスとミラーの水平を丁寧に出すように心がけているのですが、少し時間がかかってしまうのが難点です。もっと早く水平が出せるようにしたいです。

## 1／16(火)

**天気**　晴れ　**気温**　23℃
**起床時間**　5:50
**朝食内容**　納豆ごはん
**出発**　6:30
**交通手段**　車50分　歩き80分
**仕事場着**　9:00
**午前作業内容**　班長と2人で獣害防護柵補修工事の出来形写真撮影です。班長がカメラ係で私が黒板係。黒板やメジャーに太陽光が反射して、なかなか正確な写真が撮れませんでした。ひたすらメジャーやリボンロッドを伸ばしては写真を撮るという仕事だったので冬の山の寒さを痛感しました。
**昼食内容**　弁当
**午後作業内容**　午後も引き続き、出来形の写真撮影をしました。風がとても冷たく吹くたびに震えていました。
**現場出発**　16:40
**本日の作業達成度**　70%（動かないと寒い…）
**帰宅**　17:40　**就寝**　23:00
**今日のひとこと**　日が陰ると気温が一気に下がるため本当に寒いですが、動くと汗が出るので体温調節ができる作業着が必須だと痛感。

獣害防護柵補修工事の出来形写真撮影▲

## 1／17(水)

**天気**　雨　**気温**　10℃
**起床時間**　7:00
**朝食内容**　納豆ごはん
**出発**　8:10
**交通手段**　車40分　歩き0分
**仕事場着**　9:00
**午前作業内容**　今日は組合で毎年行われる安全衛生講習会（山の神）。全員参加になります。三峯神社で白内障の講義を受けたあと、仕事の安全祈願のお祓いをしていただきました。将来のために集中して白内障についてのお話を聞きました。
**昼食内容**　三峯神社の懐石料理
**午後作業内容**　昨年の優良作業員の表彰と懇親会をしました。懇親会ではお菓子や景品が当たるくじ引きがありました。いつか優良作業員として表彰されてみたいです。年に1回の行事なのですが、羽目を外しすぎない程度に飲みました。
**本日の作業達成度**　80%（久しぶりにアルコールを口にしました）
**帰宅**　23:00　**就寝**　24:00
**今日のひとこと**　翌日も仕事なのでほどほどに飲みましたが、久しぶりにお酒を飲んだので、軽い二日酔いになってしまう可能性があるため細心の注意を払って仕事をしようと思います。

に出会えることもこの仕事の醍醐味と言えますが、絶対に出会いたくない動物もいます。それが熊です。

しかし、過去に熊と間近で遭遇してしまったある鉄人は現場撮影用の黒板をぶん回し熊を怯ませました。また、ある鉄人は怒号を浴びせて見事撃退したそうです。

そんな鉄人たちが集まる組合ですが、つい先日インフルエンザが猛威をふるい、何人かの鉄人もその犠牲となってしまいました。「私もやられました…」。

この仕事は身体が資本なので日々の体調管理をしっかりとして、いつか私も鉄人と呼ばれるように毎日を過ごしていきたいと思います。

▲木柵に使う丸太と秩父の山並み

## 1／18(木)

**天気**　晴れ　**気温**　15℃
**起床時間**　5:50
**朝食内容**　納豆ごはん
**出発**　6:30
**交通手段**　車50分　歩き80分
**仕事場着**　9:00
**午前作業内容**　昨日のお酒が少し残ってしまっていて朝から体調が芳しくありませんでした。作業内容としては、先日に引き続き、獣害防護柵補修工事の出来形写真撮影を班長と2人で行いました(役割分担は前回同様)。写真は1カ所につき3枚程度撮影。この日は60枚程撮りました。たくさん水分補給をして早急に体調を回復させました。
**昼食内容**　弁当
**午後作業内容**　午後は完全に復活しましたが、メジャーの調子が悪くなってしまい、直すのに少し時間を食ってしまいました。防護柵の全長は1300mもあるのでかなりの移動距離になります。
**現場出発**　16:45
**本日の作業達成度**　60%（体調は万全に！）
**帰宅**　17:50　**就寝**　22:00
**今日のひとこと**　朝、現場に向かう途中、道が凍っており、それに気づかず足を滑らせてしまいました。体調が悪かったせいもありますが、道下に落ちてしまったら大変なケガに繋がるので、十二分に注意しようと思いました。

## 1／19(金)

**天気**　曇り　**気温**　11℃
**起床時間**　5:50
**朝食内容**　納豆ごはん
**出発**　6:30
**交通手段**　車50分　歩き80分
**仕事場着**　9:00
**午前作業内容**　今日も班長と2人で獣害防止柵補修工事の写真を撮影しました。いつもは日の光が当たっていて暖かいのですが、今日は曇ってしまい、カメラを持った手が震えて写真がぶれてしまうほどでした。
**昼食内容**　弁当
**午後作業内容**　毎日のたのしみの昼寝を寒さのため断念し、少し早めに作業を開始しました。明日は暖かい日だという予報が出ているので、期待しつつ午後の寒さに耐えながら作業しました。
**現場出発**　16:40
**本日の作業達成度**　85%（明日から靴下2枚履きます）
**帰宅**　17:40　**就寝**　22:30
**今日のひとこと**　昼休みを終えてさあやろうと意気込んで手袋をはめるととても冷たい感触が手を包み込んだのでモチベーションが下がってしまいました。こんなことで左右されるような気の持ちようではダメだと気持ちを切り替えました。

▼愛用の鉈鎌

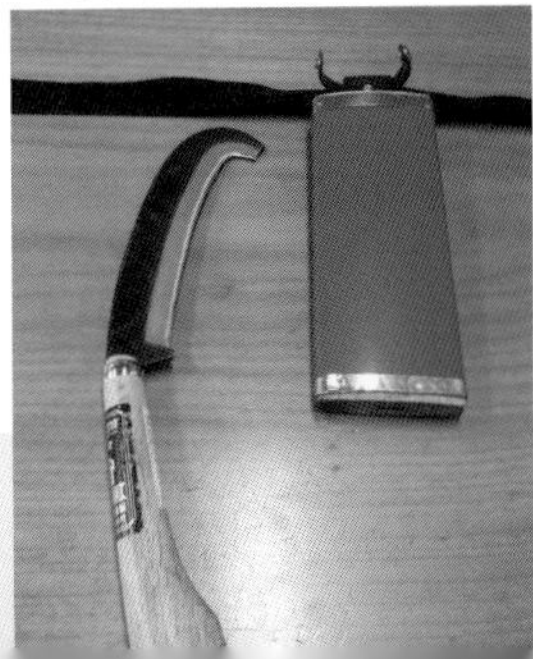

## 1／20(土)

**天気**　晴れ　**気温**　9℃
**起床時間**　5:50
**朝食内容**　お茶漬け
**出発**　6:30
**交通手段**　車50分　歩き80分
**仕事場着**　9:00
**午前作業内容**　昨日と同じ現場ですが、今日は3名で木柵の施工を行いました。下に張ってある獣害防護柵に土砂が溜まらないようにするためのもので、木柵の製作は全長2800m！　初めての作業なので、手取り足取り先輩に教えていただき、木の元口と末口を気にしながら配置するよう心がけて作業しました。足場が悪く木柵用の丸太も重かったので、丸太の運搬は足に負担がかかりました。
**昼食内容**　弁当
**午後作業内容**　午後は唐鍬を使い木柵を設置する場所の高さあわせを行いました。山の斜面なので、全部を同じ高さにするのはなかなか難しかったです。
**現場出発**　16:30
**本日の作業達成度**　90%（土に埋まっている大きな石が恨めしい）
**帰宅**　17:30　**就寝**　24:00
**今日の一言**　今日は実家に帰る予定だったので急いで帰ってきました。明日は休みなので実家で何もせず、ぐうたらな1日を過ごそうと思います。

▼土砂流出防止のため木柵を設置

## 1／21(日)

**天気**　晴れ　**気温**　11℃
**起床時間**　11:00
**朝食内容**　チーズトースト、ウインナー
**午前作業内容**　実家で飼い犬のパグと遊んだり散歩したりゴロゴロしたりと、本当に怠惰な一日を過ごしました。
**昼食内容**　カップラーメン
**午後作業内容**　明日は雪が降る予定なので、実家からなるべく早く帰り雪対策をしました。時間が過ぎるのが早い。
**帰宅**　19:00　**就寝**　22:00
**今日の一言**　実家に帰るのも時間とお金がかかるのでなかなか頻繁には帰省できませんが、帰省した際には本当に怠慢な生活を送ります。しかし、身体を休める日も大切なのでいい休日となりました。

▼手作り弁当を毎日持参します

# 「キッカケ」は、いつ来るか分からない

**塩田幹徳（福島県）**

私が林業をすることになったキッカケについて少し話したいと思います。この仕事をする前は、高校卒業後7年ぐらいある職場にいましたが、ある上司の言葉に嫌気が差し退職して、地元でブラブラしているところに、今の社長に「君、山仕事やらない？」って声をかけられたのがキッカケです。

自分の周りの知人に林業をやっている人がいなくて不安でしたが、軽い気持ちでOKしてしまいました。

**名前**　塩田 幹徳
**年齢**　28歳
**仕事歴**　4年目
**活動地区**　福島県石川郡古殿町
**所属**　株式会社サンライフ
**業種**　主に林産、保育間伐、草刈り、特殊伐倒、その他
**給与体系**　日給月給
**キャッチフレーズ**　先を見据えた行動
**愛用の道具**　ハスクバーナ 550XP、スチール 261C
**ひとこと**　私は林業を始めてから、まだ4年しか経験していませんが、やる気は社員の誰にも負ける気はしません。林業4年では新人扱いの方になりますが、会社の方から現場責任者をやるように言われて上になる以上、現場の安全を第一に1日1日の段取りをしなくてはいけません。先輩方の知識に支えてもらいながらやらせてもらって非常に助かります。「自分を形づくるのは自分じゃない。まわりの人なんだ」という言葉を常に忘れないようにして、自分中心ではなく他の作業員の方にも認めてもらえる責任者として今後も頑張っていきます。

## 2／19（月）

**天気**　晴れ　**気温**　7℃
**起床時間**　6:30
**朝食内容**　なし
**出発**　6:40
**交通手段**　車 40分　歩き 0分
**仕事場着**　7:30
**午前作業内容**　樹齢40～50年のスギ山で作業道（道幅3～3.5m）の作設が今日の現場。先行で道作設をしていた2人と合流しました。2人には、そのまま道作設をしてもらい、その後を自分が伐倒、造材、運材します。まずはチェーンソーで作業道に届くように樹高等を見極めながら伐倒します。その後はプロセッサ造材、フォワーダ（イワフジU-5CG）に乗り換えて運材していきます。造材は、2m、3m、3.65mの3種類です。採材の時には、曲がり、腐れなどに注意しています。長さに誤りがないか毎回メジャーで測っています。
**昼食内容**　コンビニ弁当
**午後作業内容**　午前の段取りと同じ流れで作業していきます。なるべく造材する際に仕分けがいらないように切りながら分けるようにします。かなり神経をつかったので肩がこりました。そのおかげか、フォワーダで材を積むのが楽にできたので、自分で自分を褒めました（笑）
**現場出発**　17:30
**本日の作業達成度**　100%（道で枝につまずかなければ最高だった）
**帰宅**　18:20　**就寝**　22:00
**今日のひとこと**　2人が先行で道を作っていたので作業はしやすかった。追いつくまで先が長いが、頑張るしかない。

▼スチール261Cを愛用

## 2／20（火）

**天気**　晴れ　**気温**　6℃
**起床時間**　6:00
**朝食内容**　なし
**出発**　6:10
**交通手段**　車 40分　歩き 0分
**仕事場着**　7:00
**午前作業内容**　月曜日の続きです。長年手入れをしていなかったのか雑木が隙間がないくらい生えています。刈払いをしようかと思いましたが、伐倒したい気持ちが勝りチェーンソーですべてをやることにしました。伐倒する時に邪魔になる周りの植物をチェーンソーで切り払い、安全を確保します。伐倒する時に1番に気を使うのが伐倒方向です。なるべく作業道に届くように伐倒することで、作業効率が2倍にも3倍にもなるからです。
**午後作業内容**　午前中に伐倒した木を造材します。機械はプロセッサ（イワフジGP-25V、ベースマシンPC78）です。プロセッサで届く木から造材しますが、届かなかった木に関しては、ワイヤなどを使い、斜面下方向に集材します。場所によっては上方集材もありますが、プロセッサで切りやすいように基本的には下方向に伐倒しています。
**現場出発**　18:30
**本日の作業達成度**　100%（ブヨが…目に入ってくる…）
**帰宅**　19:30　**就寝**　23:00
**今日のひとこと**　現場に入ってから3日後には大型（10tクラス）10台分ぐらい造材できているので、この調子で頑張るぞ‼

## 2／21（水）

**天気**　晴れ　**気温**　8℃
**起床時間**　6:00
**朝食内容**　なし
**出発**　6:15
**交通手段**　車 40分　歩き 0分
**仕事場着**　7:00
**午前作業内容**　今日から現場の作業員が3人から2人になり、道作設を1人でやってもらうことにしました。その後で自分が、造材、仕分け、運材をして、1人で厳しいときは、自分が支援に行く形を取りましたが、なかなか呼ばれないので、ちょっとさみしかった（笑）
**昼食内容**　コンビニ弁当
**午後作業内容**　道を作設している作業員からヘルプがかかったので手伝いをしてきました。径60㎝はあるスギを18インチのバーでやりましたが、太くて良質なスギだなぁ～と思っていたら、受け口をあけたら真ん中がスカスカで、ちょっとガッカリ⤵。ちょうど作業道の進行方向だったので、バケットで押してもらい方向が狂わないようにしました。ちなみに、受け口を作った時に空洞と分かったので空洞のところにバーを入れて、どのくらい空洞になっているのか把握。木の周りを確認して、通常よりも多めにツルを残して伐倒しました。場合によっては、安全を確保するためワイヤ等を使って切り込みを入れても倒れないようにすることもあります。
**現場出発**　18:00
**本日の作業達成度**　90%（見た目にだまされた…。木も人も見た目よりも中身が大事）
**帰宅**　19:40　**就寝**　23:00
**ひとこと**　福島のスギといっても地域ごとで特徴があって、1本1本違うんで、毎回の現場では初心になって向き合うようにしていますが、たまに慣れに流されてしまうときがあるので、気を引き締めていくようにしないと…。

夏の刈払いから始まり、伐り捨て間伐、集積など、想像以上の作業が待ち受けており、辛くて辞めようかと思った時期もありましたが、重機にも乗るようになり、造材、運材など色々な仕事を任されて未経験のオンパレードでした。

ですが、作業をすればするほど「なんであんな風に材を並べるんだろう？」「なんでその方向に伐倒するんだろう？」と疑問が生まれてきました。そんなときに、同じ現場の方々に意見を聞いたり、話したりして解決してきました。現場で出る疑問は、なるべくみんなでシェアしています。作業員一人一人が考え方をシェアすることで、作業内容も分かり、流れもつかめるようになってきました。

そんな日々を過ごして4年。正直、嫌になる時もあるけれど林業を続けていられるのは、たぶん自分の性に合っているのでしょう。しかし、あのキッカケがなければ林業をすることはなかったと思います。キッカケは、いつ来るのか、どんな形でくるのか分からないですが、今後は、自分が誰かにキッカケを与えられるようになりたいと考えています。

まだまだ経験が浅いですが、周りに認めてもらえるように日々努力していこうと思います。

## 2／22（木）

**天気**　晴れ　**気温**　7℃
**起床時間**　6:00
**朝食内容**　なし
**出発**　6:10
**交通手段**　車40分　歩き0分
**仕事場着**　7:00
**午前作業内容**　今日はスギの伐倒がメイン。その前に目立て。ヤスリはPFERDを使用。切れない刃で作業するのは疲れるので、スパスパ切れる刃を作ってから作業するようにしています。目立ては材の上などを使いなるべく水平なところで行います。研ぐ角度は刃に対して45度から50度ぐらいにして、刃の上部にしっかり当てることを意識。自分なりにはかなりうまくできてる気はしますが、まだまだと向上心を持って今後も目立てを追求していきます。
**昼食内容**　パン
**午後作業内容**　伐倒したスギを造材しました。間伐なので、下手に集材してしまうと周りの木に傷を付けてしまうので、伐倒したままで集材をかけずにいったん、造材するようにしています。その後、道に届かなかったスギはワイヤ等を使い集材していきます。
**現場出発**　18:20
**本日の作業達成度**　100%（神経使いすぎた…）
**帰宅**　19:30　**就寝**　23:00
**ひとこと**　帰り道にコンビニに立ち寄ったら前の職場で同期だった友達に会えて30分くらい話してしまった。本当に世の中って狭いですね…。

## 2／23（金）

**天気**　くもり　**気温**　2℃
**起床時間**　6:00
**朝食内容**　なし
**出発**　0.30
**交通手段**　車50分　歩き0分
**仕事場着**　7:20
**午前作業内容**　昨晩、雪が降ってしまい、朝現場についたら立木に雪が…。当初の段取りを変更して、伐倒ではなく、造材と運材をメインにすることにしました。雪が付いたスギを倒すのは簡単だが、体が濡れてしまうので、違う作業があるならそっちをやることにしています。今日みたいに寒い日でも動きに支障がないように2枚ほどしか着込みませんが、ユニクロのヒートテックのおかげで暖かく作業ができています。
**昼食内容**　コンビニのパン
**午後作業内容**　雪もなくなってきたので伐倒をしました。水は落ちてきますが、そんなことを言ってはいられません。伐倒してやらないと造材も出来なくなるし、運材も出来なくなります。やはり林業で1番メインなのは重機でなく、伐倒する人ではないのだろうかと伐倒しながら考えてました。
**現場出発**　18:00
**本日の作業達成度**　100%（濡れながら伐倒したので、気持ちは120%!!）
**帰宅**　19:40　**就寝**　23:00
**今日のひとこと**　明日は久しぶりの休みなので今日は張り切りすぎて疲れてしまった。早く家に帰って風呂につかりたい!!

## 2／24（土）

**天気**　晴れ　**気温**　5℃
**起床時間**　10:00
**朝食内容**　なし
**午前作業内容**　今日は家の定期点検の日で業者の方と9時を予定していましたが、起きたのが10時…。本当に申し訳ないと業者の方に電話をしたらなんと家の外で1時間も待っててくれました。ありがとうございます!! 朝はちょっとトラブルもありましたが、点検も難なく終わり一安心!!
**昼食内容**　カップラーメン
**午後作業内容**　午後は点検も終わり1カ月ぶりぐらいに休みが取れたので色々したいことを考えていましたが、家の掃除をしてゴミ捨てをして洗濯をしていたらもう15時を過ぎていて、「あ〜」とため息をつきながらテレビをベッドで見てたら寝てました。起きたのは夜の10時…。
**本日の作業達成度**　50%（予定は計画的に…）
**就寝**　23:30
**今日のひとこと**　仕事に疲れているとは言え堕落した1日を過ごしてしまった。ちょっと反省してます。

▼2月22日の昼食。パン＆牛乳

▼プロセッサ造材。この地域では3.65m材の需要があります

## 2／25（日）

**天気**　晴れ　**気温**　7℃
**起床時間**　6:30
**朝食内容**　なし
**出発**　6:40
**交通手段**　車40分　歩き0分
**仕事場着**　7:30
**午前作業内容**　今日は午前中だけ作業することになったので、1人で運材しました。山の中にある材は、きれいに仕分けされていたのでフォワーダにも積むのが楽でした。土場にもキレイに積みたいので、枝とかはなるべく積みたくないので本当に助かります。
**昼食内容**　行きつけのラーメン屋
**午後作業内容**　午後は休みだったので、久々に行きつけだった大須賀というラーメン屋に行ってみました。コッテリ系が好きなんです。林業を始めてからは体を使うことが多くなり、食欲も増した気がします。少しダイエットしようとも思いますが、明日から本気出す!! あとは、久々に車の洗車をしました。1カ月以上洗車していなかったので汚れがすごかったが、手洗いでゴシゴシしたら新車みたいにピカピカになり大満足!! まだ冬なので水が冷たいですが、こんだけキレイになれば仕事にも集中できます!!
**現場出発**　13:20
**本日の作業達成度**　100%（午前中だけだからフルパワー出してきた）
**帰宅**　15:00　**就寝**　2:00
**今日のひとこと**　好きなラーメンも食べてエネルギー充填したので、明日からも仕事大変ですが安全第一で頑張れる気がします。

# よく思い出す言葉

小森貴志（滋賀県）

僕がこの仕事に就いたのは6年前、組合に直営の作業班ができるときです。山のことなど何も知らない素人は僕だけで、他の3人は10年以上林業をしているベテランの職人の方たち。自分だけが何も役に立てていないもどかしさがありましたが、3人から仕事の基本を教わることのできるありがたい期間でした。

中でも坂本菊男さんには毎日怒鳴られながらも、たくさんのことを教えていただきました。「相手がどうしてほ

**名前**　小森 貴志
**年齢**　33歳
**仕事歴**　6年
**活動地区**　滋賀県東近江市
**所属**　東近江市永源寺森林組合
**業種**　現場技術（素材生産）
**給与体系**　月給
**キャッチフレーズ**　段取り八分

**愛用の道具**　ハスクバーナ346xp
**ひとこと**　もうすぐ結婚5年。7月で3歳になる息子がいます。帰宅時間が早く休みもしっかり取れる職場だと、妻も仕事にとても協力してくれています。感謝しかありません。

## 2／6（火）

**天気**　晴れ　**気温**　5℃
**起床時間**　6:00
**出発**　7:00
**午前作業内容**　作業道開設。バケット容量0.2㎥のユンボ（ヤンマーvio50）で、幅員2.5mの道をつくる。1日30～40m進むのが目標。
**昼食内容**　愛妻弁当
**午後作業内容**　ここは高齢級の天然ヒノキ林で、綺麗なヒノキがたくさんある。支障木伐倒で1本伐らせていただいた。造材に悩む。元玉が4mくらいまで曲がっていたのと、2番玉が直材4mを取れそうだったので、元玉も4mで取ることにした。余尺は20㎝。
**現場出発**　16:30
**帰宅**　18:00　**就寝**　21:00
**今日のひとこと**　ユンボのエンジンを止めると掘り返した土に鳥が飛んできて何かを食べている。風流な感じがする。すごくいい。

▼今日の弁当

▼裂けないように造材をします

▲今日の弁当

## 2／7（水）

**天気**　雨　**気温**　3℃
**起床時間**　6:00
**出発**　7:00
**午前作業内容**　4名で環境林の伐り捨て間伐。間伐後の光の射す山はとても気持ちがいい。
**昼食内容**　愛妻弁当
**午後作業内容**　引き続き伐り捨て間伐。久しぶりの伐り捨て間伐は体力的にきつい。
**現場出発**　16:30
**本日の作業達成度**　60%
**帰宅**　18:00　**就寝**　21:00
**今日のひとこと**　15年生のヒノキ。主伐までは携われないかもしれないが、成長が楽しみ。明るい健全な山に育ってほしい。

▼左が私、右が後輩の松尾

## 2／5（月）

**天気**　晴れ　**気温**　3℃
**起床時間**　6:00
**出発**　7:30
**午前作業内容**　本日は、月に2度ある木材市場を見学に行く日。自分が造材した木も並ぶので緊張する。
**昼食内容**　愛妻弁当
**午後作業内容**　市場が始まった。特殊伐採で伐らせていただいた神社のスギ（4m末口74㎝）が、5万5,000円／㎥になった。山主さんに売り上げの一部を還元できそうで一安心。
**現場出発**　15:00
**本日の作業達成度**　90%（いい勉強になった）
**帰宅**　18:00　**就寝**　21:00
**今日のひとこと**　造材しているときは直材だと思っていても、市場に並ぶと曲がりが目立つ。僕が見ると同じように見える材でも、値段が全く違うときがある。曲がりを入れずに直材を採れる造材をしたり、あえて木口に枝打ちの跡を見せたり、材の価値を上げるためにできることはすべてしようと思う。

▲左から班長の水野さん、坂本さん、私

しいか考えて仕事せなあかん」「5年後、10年後のこの山を想像しろ」。今も仕事しながらよく思い出す言葉です。

坂本さんがお亡くなりになったのが一昨年の9月、体調が悪くなってからも最期まで山に来ていた坂本さんにとって林業は生きがいだったのではないかと思います。

「10年やってやっと一人前や」。僕はまだまだ下積みの段階です。これからも坂本さんをはじめ先輩方に教えていただいたことを胸に、山と一緒に成長したいと思う毎日です。

## 2／8(木)

**天気**　晴れ　**気温**　3℃
**起床時間**　6:00
**出発**　7:00
**午前作業内容**　前日開設した道の切土側から湧水があり、排水処理に時間がかかった。
**昼食内容**　愛妻弁当
**午後作業内容**　引き続き作業道開設。
**現場出発**　16:30
**本日の作業達成度**　70%（水処理に時間がかかり、あまり距離が進まなかった。）
**帰宅**　18:00　**就寝**　21:00
**今日のひとこと**　前日は気にならなかった所からの湧水。作業道を水が流れ、20mほど土がぬかるんでいた。少しの湧水でも1日おくと大変なことになっていた。水処理はその日のうちにするべきと痛感した。

▲毎朝早起きして弁当を作ってくれる。妻の協力に感謝

作業道は幅員2.5mで開設しています▲

## 2／9(金)

**天気**　晴れ　**気温**　5℃
**起床時間**　6:00
**朝食内容**　7:00
**午前作業内容**　スイッチバックをつくる。毎回スイッチバックの完成度が違う。今回は土量の予想がうまくできず勾配が急になり、土のやり場に困った。
**昼食内容**　愛妻弁当
**午後作業内容**　引き続き作業道開設。支障木伐倒。傾斜などの条件がよかったので目標より進めた。
**現場出発**　16:30
**本日の作業達成度**　80%
**帰宅**　16:30　**就寝**　21:00
**今日のひとこと**　少し暖かくなってきた。寒がりの私は作業道開設のときはいつもブーツを履いているが、今日は久しぶりに足袋を履いての仕事。動きやすい。

## 2／10(土)

**天気**　晴れ　**気温**　5℃
**起床時間**　7:00
**朝食内容**　ハムエッグ
**午前作業内容**　昼から姪っ子、甥っ子たちと公園へ。
**昼食内容**　カレー
**午後作業内容**　色オニ。高オニ。まだ負けない。夜は友人と食事。酔うと必ず2人でカラオケ。
**本日の作業達成度**　90%
**帰宅**　24:00　**就寝**　1:00
**今日のひとこと**　基本的に当組合は週休2日。周りからうらやましがられるが、本当にいいことだと思う。

◀愛用のチェーンソーと神社で行った特殊伐採

▲琵琶湖博物館の展示物。山の現場のようすがリアルに再現されています

## 2／11(日)

**天気**　晴れ　**気温**　6℃
**起床時間**　7:00
**朝食内容**　目玉焼き、ご飯、味噌汁
**出発**　10:00
**午前作業内容**　本日も休み。子供と3人で滋賀県立琵琶湖博物館へ。国内最大級の淡水の生き物の展示、また琵琶湖の地学・歴史・環境についての展示もある総合博物館だ。
**昼食内容**　海苔おにぎり
**午後作業内容**　琵琶湖博物館には琵琶湖にそそぐ川と森についての展示がある。この展示の原木などは組合が用意させていただいた。そして展示のパネルのモデルになった落部係長を発見！
**本日の作業達成度**　90%（充実した休日）
**帰宅**　18:00　**就寝**　22:00
**今日のひとこと**　展示されている淡水アザラシは1日中見てても飽きない。

# 未来へつなげる！

栗田 亮（鳥取県）

この仕事を始める前は、まさか自分が林業という職に就くことになろうとは、全く考えていませんでした。

まず、何をしているのか分からないというのが正直なところで、実際何をしているのかイメージが湧かなかったからです。

しかし、自分は林業にやりがいを求めてこの仕事を始めました。最初は造林班の一員として、地拵え、植え込み、下刈り、伐り捨て間伐などを行い、現在は林産班の一員としてチェーンソー仕事や高性能林業機械の操作をしています。それぞれの仕事に役割がありま

**名前**　栗田 亮
**年齢**　29歳
**仕事歴**　4年
**活動地区**　鳥取県東部（鳥取市・岩美町）
**所属**　鳥取県東部森林組合
**業種**　林産
**給与体系**　日給

**キャッチフレーズ**　Ready when you are!
**愛用の道具**　ハスクバーナ576XP
**ひとこと**　転職して、4年前から林業をはじめました。それまで林業についてほぼ何も知らない状態で、なんとなくおもしろそうだなぁという軽い気持ちで森林組合に入りました。現在は、搬出間伐現場の技能員として主にチェーンソーでの伐倒、ハーベスタによる造材、フォワーダによる運搬を行っています。毎日が勉強です。日が昇っているときに仕事をして、日が暮れたら仕事をしない、というのが人間らしい生き方だなぁと感じています。林業はすぐに成果がでない仕事なので、未来に向けて日々、自分が思ういい仕事を続けていきたいと思います。

## 1／15(月)

**天気**　晴れ　**気温**　10℃
**起床時間**　6:00
**朝食内容**　ハムマヨパン、コーヒー
**出発**　6:45
**交通手段**　車20分
**仕事場着**　7:05
**午前作業内容**　作業道開設に伴う支障木伐開を行いました。先週末に降った雪が約20～30㎝残っている状況。現場は30年生のスギ・ヒノキ林です。バックホー（レンタル機械・HITACHIバケット容量0.45㎥）のオペレーターと伐開手の私との2人作業で、幅員3.0ｍ、約1,000ｍの作業道を開設予定です。作業道は登りの道で、本線の他に支線2本を開設予定。支障木の伐倒方向は、バックホーが伐倒木をバケットで押しこみやすいようにバックホーの進行方向に向かって谷側斜めを心がけています。気をつけていることは、バックホーのオペレーターに機械から降りて仕事をさせないように、複数の伐倒木が斜めの状態で重ならないようにすること、もし重なってしまった時や大径木の場合は4ｍか8ｍに造材しておくことです。今日は資材運搬車の調子が悪かったので、重機屋さんに点検してもらいました。
**昼食内容**　弁当、おしるこ
**午後作業内容**　雪が思った以上に残っており、作業道開設が困難になったため2人で伐開をしました。
**現場出発**　16:45
**本日の作業達成度**　80％（曇っていて日が出ず風が冷たく、おしるこがしみる1日でした）
**帰宅**　17:00　**就寝**　22:00
**今日のひとこと**　この時期は休憩時に体を動かさないと汗が冷えて一瞬で寒くなってしまうので休憩せずに、何かをして体を動かしています。

## 1／16(火)

**天気**　晴れ　**気温**　16℃
**起床時間**　6:00
**朝食内容**　バナナ、コーヒー
**出発**　6:45
**交通手段**　車20分
**仕事場着**　7:05
**午前作業内容**　昨日と同様に支障木伐開の続き。雪も昨日よりは溶けて、重機による作業道の開設も再開。伐倒以外にも、排水処理としての暗渠をいれるために、伐倒木の造材も行いました。暗渠ですが、ヒューム管等を入れることはあまりありません。伐倒した材で、曲がりがあり、節が多くC材になるような伐倒木を、幅員より少し長めに造材していき、掘ったところに入れています。支障木は作業道開設完了後に集材し搬出します。
**昼食内容**　弁当
**午後作業内容**　午後からは定期健康診断。正月休みの影響をばっちり受けて、体重は増加していましたが、その他は特に問題なしでした。採血は「痛くないのをお願いします」と看護師さんにリクエストしましたが、いつになっても得意になれません。
**現場出発**　13:30
**本日の作業達成度**　80％（採血痛かったなぁ）
**帰宅**　15:45　**就寝**　22:00
**今日のひとこと**　健康診断はタイミングが悪いと、とても長い時間待つことになります。タイミングが勝負。今回は先輩の目論見により、絶妙な時間に診察を受けることに成功しました。先輩から学ぶことは多いです。（笑）

伐倒▲

## 1／17(水)

**天気**　雨　**気温**　12℃
**起床時間**　6:00
**朝食内容**　チョコパン、コーヒー
**出発**　6:50
**交通手段**　車30分
**仕事場着**　7:20
**午前作業内容**　天候不良で作業道開設が困難なため、他の班員がいる現場での作業でした。私の班は5人で、私を含め4人が間伐、1人がハーベスタ（KOBELCO 0.25㎥、KESLA Ⅱ）造材を行いました。現場は間伐率30％の定性間伐で、40年生のスギ・ヒノキ林です。
**昼食内容**　弁当
**午後作業内容**　現場が作業道からかなり離れているため、ほとんどが保育目的の間伐。樹冠のバランスを考慮しながら選木します。どの木を未来に残すかを考えるのは、答えがないので難しいですが、そこが林業の面白いところです。
**現場出発**　17:00
**本日の作業達成度**　80％（雨でびしょびしょになりました。一刻も早くシャワーを浴びたい。）
**帰宅**　17:30　**就寝**　22:00
**今日のひとこと**　県道沿いでの伐倒はいつもどきどきします。もし玉切りした材を下に落としてしまったり、木を電線に引っかけたりしたらと思うと、なかなか手が出ないことがあります。しかし、自分の技術と残した木がすくすく成長することを信じて、我々現場作業員は伐倒を行います。

すが、すべて未来につなげるように仕事をしていかなければなりません。

そして採算が取れるようにしていくことも大切です。先輩達から受け継いできた技術やノウハウをさらに進化させて、未来につなげていけるよう日々勉強中です。

ミーティングの様子。中央が筆者。作業スタイルは、冬場でも自分はよく汗をかくので着脱がしやすいように、ジッパー式の防水ウエア（ホグロフスのジャケット）を外側に着て、内側には夏に着るような速乾性で体に密着する化繊のインナーウエアを着ています。チェーンソー使用時はチェーンソーがヒーティング仕様なのでそれに頼っています。フォワーダでの運搬時はダイローブがネオプレンの手袋を着用し、気合いで乗り切ります。（笑）

## 1／18（木）

**天気**　曇り　**気温**　12℃
**起床時間**　6:00
**朝食内容**　ピーナツパン、コーヒー
**出発**　6:45
**交通手段**　車20分
**仕事場着**　7:05
**午前作業内容**　作業道開設現場での支障木伐開でした。伐倒の際に意識している点は、受け口と追い口の水平切りを並行にする点です。水平をだすのが得意ではないので、意識せずに伐倒すると、凸凹になってしまいがちだからです。
**昼食内容**　弁当
**午後作業内容**　午前と同様に支障木伐開です。次の仕事がスムーズに進むことを考えて、伐倒する方向を決めます。林業は個人の力量に差があっても、班のみんなで助け合ってトータルで評価される仕事だなぁと感じています。常に思いやりを持って作業したいです。
**現場出発**　16:50
**本日の作業達成度**　80%（昨日より今日、今日より明日と技術を高めていきたい。）
**帰宅**　17:15　**就寝**　22:00
**ひとこと**　最近、スマートフォンの水平器アプリを使用して、受け口と追い口の水平が出ているかを確認しました。しかし、なかなか斜面で水平を安定的に出すのは難しいです。感覚を研ぎ澄まして1本1本目的を持って大切に伐倒していかなければ成長はないと、日々痛感しています。

## 1／19（金）

**天気**　晴れ　**気温**　13℃
**起床時間**　6:00
**朝食内容**　パン、コーヒー
**出発**　6:45
**交通手段**　車20分
**仕事場着**　7:05
**午前作業内容**　バックホーの進み具合と伐開の進み具合にある程度余裕が出てきたので、作業道開設現場で間伐を行いました。ヒノキはスギと比べると倒しづらいため、ツルの幅や伐倒方向をよりシビアに考えて伐倒しました。
**昼食内容**　弁当
**午後作業内容**　午前と同様に間伐です。フジやクズなどのツルが巻きついても力強く生えている木があり、植物の生命力を感じました。林業をしている我々には、勘弁してほしいと感じるツル植物ですが、フジの花が咲く頃には綺麗だなぁと感じてしまうのは何とも言えないところです。（笑）
**現場出発**　16:50
**本日の作業達成度**　80%（でも、ツルが巻きついた木の伐倒はリスクがあるのであまり好きではないです。）
**帰宅**　17:15　**就寝**　22:00
**今日のひとこと**　どういう作業が危険なのかを知らないと、労働災害につながることがあると思います。また、慣れは油断を生み、創造性の欠如も労働災害の原因のひとつです。ひたすら技術を高めてひとつひとつの作業を上手くなりたいです。

▼1月19日のお弁当

## 1／20（土）

**天気**　雨　**気温**　10℃
**起床時間**　6:00
**朝食内容**　パン、コーヒー
**出発**　6:45
**交通手段**　車20分
**仕事場着**　7:05
**午前作業内容**　天候不良により作業道開設が困難なため、搬出間伐現場で間伐を行いました。ハーベスタ造材が1人、グラップル集材が2人、チェーンソーによる間伐が2人の計5人で作業です。
**昼食内容**　弁当
**午後作業内容**　午前と同様に間伐を行いました。上方伐倒で少し苦戦しましたが、狙った方向に倒せたので良しとします。造材時、ハーベスタで払えないような枝も、ついでに枝払いしておきます。
**現場出発**　16:50
**本日の作業達成度**　80%（明日はお休みなので、今日は少し高いビールを飲みます。）
**帰宅**　16:30　**就寝**　22:30
**今日のひとこと**　よくこんなところに植林したなぁと感じる山があります。昔は作業道などを作らずに搬出していたということを思うと、とても便利な世の中になったなぁと心から思います。どういった気持ちで木を植えたのか、思いを馳せて仕事をするのも良いものです。

グラップル操縦▲

## 1／21（日）

**天気**　曇り　**気温**　12℃
**起床時間**　8:00
**朝食内容**　パン、コーヒー
**午前作業内容**　朝、いつもよりのんびりして9時頃から先輩と2人で第3回JLCに向けての練習。課題は技術的なものなので、ポイントを掴んで意味のある練習に。少しずつだが自分のイメージしている動きと実際の動きが近づいてきています。先輩からはチェーンソーを扱う時の姿勢や視点についてアドバイスを受け、実りのある練習になりました。しかし盛り上がってきたところで激しい雨に降られてしまい、引き上げました。
**昼食内容**　うどん
**午後作業内容**　買い物をするため、近くのイオンへ。大変な人混みでした。※鳥取は遊ぶところがないため。これぞ鳥取。（笑）　私は本屋で最近興味を持っている伝統建築の本を購入。鳥取県三朝町にある三徳山三佛寺に建立されている投入堂も載っていました。
**本日の作業達成度**　80%（実に平凡な休日の使い方です。）
**就寝**　22:00
**今日のひとこと**　第3回JLCが近づいているので、しっかりと意味のある練習をして大会に挑みたいと思っています。林業はもっと評価されていい仕事だと思っているので、このような大会で林業を知らない方に少しでも興味を持ってもらえたらとても嬉しいです。

# 『気がつけば森のなか』

田中 翔（熊本県）

大学で〝森林〟ではなく、〝心理学〟を学び、大学卒業後、アラスカ北極圏内にある人口20人の小さな村に3カ月滞在。その時出合った大自然が忘れられず、「いつか自然の中で仕事がしたい」と漠然と考え始めました。

2012年、食品メーカーに入社し、たまたま配属先が熊本に。休日は阿蘇などへ登山に出掛け、ある日首都圏から県内に移住し林業に従事した男性と知り合いました。その出逢いを機に「熊本の森で働きたい」との想いが強まり、会社を退社。林業を学ぶ「緑の新規就業支援研修」に参加。こうして

**名前**　田中 翔
**年齢**　29歳
**仕事歴**　3年
**活動地区**　熊本県山鹿市
**所属**　株式会社ゆうき
**業種**　素材生産、木材加工
**給与体系**　月給
**キャッチフレーズ**　毎日がショータイム
**愛用の道具**　Husqvarna 336／新ダイワ E2038S
**ひとこと**　伐倒技術、重機操作、森林に関する知識など、どれをとってもまだまだ未熟で、日々修行中の身です。天候などでキツい場面も多々あるけれど、50年前や100年後といった言葉が日常で飛び交い、まるでタイムマシーンに乗っているかのような感覚を日々味わえるカッコイイ仕事は林業しかないと思います。一番のお気に入りタイムは、山仕事の後、とろとろのお湯で有名な平山温泉で身体を癒すこと。まさに至福のとき。しかし、贅沢ばかりしてはいられません。今後更に腕を磨き、将来は北欧のフォレスターのような理念と技術を身につけ、また体操のお兄さんみたく、森林のお兄さんになって森林・林業について発信し続ける一員を目指していきます！

## 2／26（月）

**天気**　晴れ　**気温**　15℃
**起床時間**　6:30
**朝食内容**　ごはん、お味噌汁
**出発**　7:30
**交通手段**　車10分
**仕事場着**　7:45
**午前作業内容**　本日より、彼女の親戚のおじさんが所有する山林で作業開始。70年生のスギ、ヒノキ林で、3mの作業路開設。チェーンソー２名、バックホーオペレーター（森林組合員）１名。作業内容は、支障木の伐倒。１本１本集中かつ感謝の気持ちを忘れずに。
**昼食内容**　弁当（彼女手作り）
**午後作業内容**　午前に続き、支障木の伐倒作業。指差し呼称の徹底、特に伐倒対象木周りを綺麗にすることを怠らないように気をつける。
**現場出発**　17:00
**本日の作業達成度**　100%
**帰宅**　17:00　**就寝**　23:00
**今日のひとこと**　林業を始めて３年。慣れて来た頃に特に事故が多いので、当たり前のことを当たり前にきちんとやる。これを常に念頭に置いておくこと。

玉切り▼

## 2／27（火）

**天気**　晴れ　**気温**　16℃
**起床時間**　6:30
**朝食内容**　パン、カフェオレ
**出発**　7:30
**交通手段**　車10分
**仕事場着**　7:45
**午前作業内容**　本日も昨日に引き続き、支障木の伐倒作業。現場の面積は約1.5ha。作業道開設の長さは200～250mを予定。どうすればオペレーターの方がより作業しやすくなるか、常に考えながら伐倒や玉伐り等を行う。
**昼食内容**　弁当（彼女手作り）
**午後作業内容**　午前に引き続き、支障木の伐倒作業。残存木を傷つけないよう、出来る限り立木の空いたスペースを狙って伐倒。受け口と伐倒方向の確認は入念に行う。
**現場出発**　17:00
**本日の作業達成度**　100%
**帰宅**　17:30　**就寝**　23:30
**今日のひとこと**　林業界でも、人とのコミュニケーションはとても大切。オペレーターの方との挨拶や何気ない会話を交わすことで、お互いより気持ちよく作業が出来たり、新しい発見があったりすることを痛感。

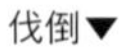
伐倒▼

## 2／28（水）

**天気**　曇り　**気温**　16℃
**起床時間**　6:30
**朝食内容**　トースト、カフェオレ
**出発**　7:30
**交通手段**　車10分
**仕事場着**　7:45
**午前作業内容**　作業員３名。昨日、一昨日の２日間で伐倒した支障木の搬出を開始。0.15グラップル、林内作業車。私は採材、枝払い、玉切り。森林組合の職員の方から、この現場は3m、6m採りが出来る木が多いと言われていたが、やはり採材はまだまだ難しい。
**昼食内容**　弁当（彼女手作り）
**午後作業内容**　作業道の開設が30mほど延長になり、予定変更で再び支障木の伐倒作業。斜面上に倒さなければいけない木が多く、クサビをひたすら打ち込む。ヨキ、クサビのメンテナンスも忘れず行うこと。
**現場出発**　17:00
**本日の作業達成度**　100%
**帰宅**　17:30　**就寝**　23:00
**今日のひとこと**　チェーンソーを毎日掃除する等、道具のメンテナンスはやはり大切。足元に目を向けると、虫たちが少しずつ活動し始めていた。春はもうすぐそこ♪

グラップル▼

私は林業の世界に飛び込みました。

8人の研修生中、紅一点の林業ガールとご縁あって交際することになったのですが、なんと彼女は林業家の5代目。現在は、彼女が旗揚げした「株式会社ゆうき」で林業づくしな日々です。

主な仕事内容は、代々受け継がれてきた木を伐採、搬出し、懇意の製材所で製材後、導入した木材低温乾燥装置「愛工房」でじっくりと乾燥させ、お客様まで届ける。木を1本1本大切に生産し、最後まで見届けることが出来るのはとてもやりがいがあります。

また、昨年からは「ゆうきの森ツアー」と題した森林ツアーを開催し、森林・林業の良さを発信する活動も始めました。山鹿地域は、杉の女王と言われる〝あや杉〟という豊富な財産があります。その杉を生かし、今後も様々なことに森モリチャレンジしていきます。

Husqvarna 336がお気に入り▼

## 3／1(木)

**天気**　曇り　**気温**　15℃
**起床時間**　7:00
**朝食内容**　カフェオレ
**出発**　8:00
**交通手段**　車50分
**仕事場着**　9:00
**午前作業内容**　本日は山仕事ではなく、30代男性の知人から伐採依頼を受けた山林現場の下見。80年生スギ、ヒノキ林で、約7反の面積。男性の祖父が大切に守ってきた山だそう。同年代の方が山に興味を持ってくれることはとても嬉しい。
**昼食内容**　ラーメン
**午後作業内容**　大津町の小学校からゲストティーチャーとして依頼を受け、4,5年生に向けて林業の授業を行う機会を頂いた。45分×2コマ。森の音楽や香り、木の人形を用いて五感を刺激しながら（飽きないように。笑）、仕事内容や林業に対する想いを全力で伝えた。子どもたちがとても興味を持ってくれて、最後は質問攻めにされ大変だったけれど、最高に楽しい時間を過ごす事が出来た。
**現場出発**　17:00
**本日の作業達成度**　100%
**帰宅**　21:00　**就寝**　24:00
**今日のひとこと**　将来は林業をやってみたいという子どもたちが数人声をかけてくれて、感動したと同時に発信し続けていくことの大切さを痛感した。

▼小学生に授業を行った

## 3／2(金)

**天気**　晴れ　**気温**　16℃
**起床時間**　6:30
**朝食内容**　おにぎり、お茶
**出発**　7:30
**交通手段**　車10分
**仕事場着**　7:45
**午前作業内容**　一日工房で作業。作業員2名。原木から委託製材して頂いた木材製品の桟積み作業。板一枚一枚をチェックしながら、木材と桟を交互に積み上げる。風の通り道を邪魔しないように整然と積み上げていくことが重要。
**昼食内容**　うどん＠道の駅
**午後作業内容**　東京へ出荷用のあや杉パネル作成。一枚作成するのに約30分を要する。ビスを打ち込む際、1ミリの誤差も許されない作業。集中し過ぎてつい手に力が入る。リラックス、時々は深呼吸も忘れずに。
**現場出発**　19:00
**本日の作業達成度**　100%

▲桟積み作業

**帰宅**　19:00　**就寝**　23:00
**今日のひとこと**　山仕事だけでなく、工房で木材加工に携われるのは良い気分転換になると同時に、仕事の幅が増えて遣り甲斐を感じる。と同時にまだまだ覚えることが沢山。頑張るぞ。

## 3／3(土)

**天気**　雨　**気温**　17℃
**起床時間**　7:30
**朝食内容**　カフェオレ
**午前作業内容**　本日は雨のためお休み。読書をしたり、調べ物をするためにネットサーフィンをしながらゆるりと過ごす。
**昼食内容**　行きつけのインドカレー屋さんで超激辛カレー
**午後作業内容**　近所のトレーニングジムで筋トレ。林業は体が資本、週4～5日身体の部位毎に分けて鍛えている。今日は下半身の日。足がパンパン。トレーニング後は、英会話の講師仕事。留学経験を活かし、住んでいる町の大人と子どもに月2回英語を教えている。
**帰宅**　21:00　**就寝**　23:00
**今日のひとこと**　大好きなインドカレーをランチで頂き（辛さレベルは現在店内歴代1位）、筋トレで体を限界まで追い込む。キツいけれど気持ち良い。最高にリフレッシュ出来た休日。

ジムで汗を流す▼

## 3／4(日)

**天気**　晴れ　**気温**　24℃
**起床時間**　6:30
**朝食内容**　パン、カフェオレ
**出発**　7:30
**交通手段**　車10分
**仕事場着**　7:45
**午前作業内容**　山に戻り、搬出作業。作業員3名。私の作業は、採材、枝払い、玉切り。どのようにすれば重機や人間の動きに極力無駄が無く、残存木を傷つけず、安全に作業出来るのか、場面場面で考え続ける。まさに知的肉体労働。
**昼食内容**　弁当（彼女手作り）
**午後作業内容**　午後からは主に林内作業車に乗って、材木を土場まで運ぶ作業。時々グラップル操作も。終盤林内作業車の調子が悪くなり、どうやら走行クラッチに原因があるみたい。自力で修理を試みるも断念。馴染みの機会屋さんに電話をして1日の作業を終えた。
**現場出発**　17:30
**本日の作業達成度**　100%
**帰宅**　18:00　**就寝**　23:30
**今日のひとこと**　今日は最高気温が24℃といきなり気温が急上昇し、汗びっしょりになった。季節の変わり目は体調を崩しがち。体調管理も仕事のうちなので、健康＆安全第一をより心がけたい。

▼彼女手作りの弁当

# 松くい虫被害防除作業最前線
## 株式会社 弘法林業（長野県）

松くい虫被害防除作業はどのように行われるのか、そのためにはどんな技術が必要なのか、長野県上田市で作業の最前線を取材しました。

写真・文 杉山 要

### 松くい虫被害はどのように起きるのか

作業の段取りがなぜ必要なのかを知るために、松くい虫被害のメカニズムと、この地域の特色を簡単に説明します。

まず松くい虫という名の虫は存在しません。そして被害は食害によって直接起こるものでもありません。この被害は、外来のマツノザイセンチュウと言う体長約1㎜の線虫が、日本に広く分布するマツノマダラカミキリという在来の昆虫の体内にすみつき、マツからマツへと運ばれることで広がります。

マツノザイセンチュウにはマツから他のマツへと移動する能力はありません。弱っているマツはマツノマダラカミキリの絶好の産卵場所となり、孵化した幼虫はその木を食べながら育ちます。この幼虫が春に羽化することでマツノザイセンチュウが運ばれ、成虫がかじる新枝からマツの中に侵入します。生きたマツの中で線虫が増殖しながら水を吸い上げられない通水阻害を起こし、やがて木を枯らせます。

松くい虫被害は、このようにして広がるマツの伝染病として森林病害虫等防除法の対象になっています。被害を防ぐためにはいくつかの方法があります（※編集部注）が、上田市では被害木を伐倒し、その場でマツノマダラカミキリを薬品で駆除する、くん蒸処理という作業に力が注がれていて、作業実績は伐倒した木を玉切り集積し、専用のビニールシートで被覆した材積（㎥）で示されます。

**全国の松くい虫被害量の推移**
（林野庁HPより）

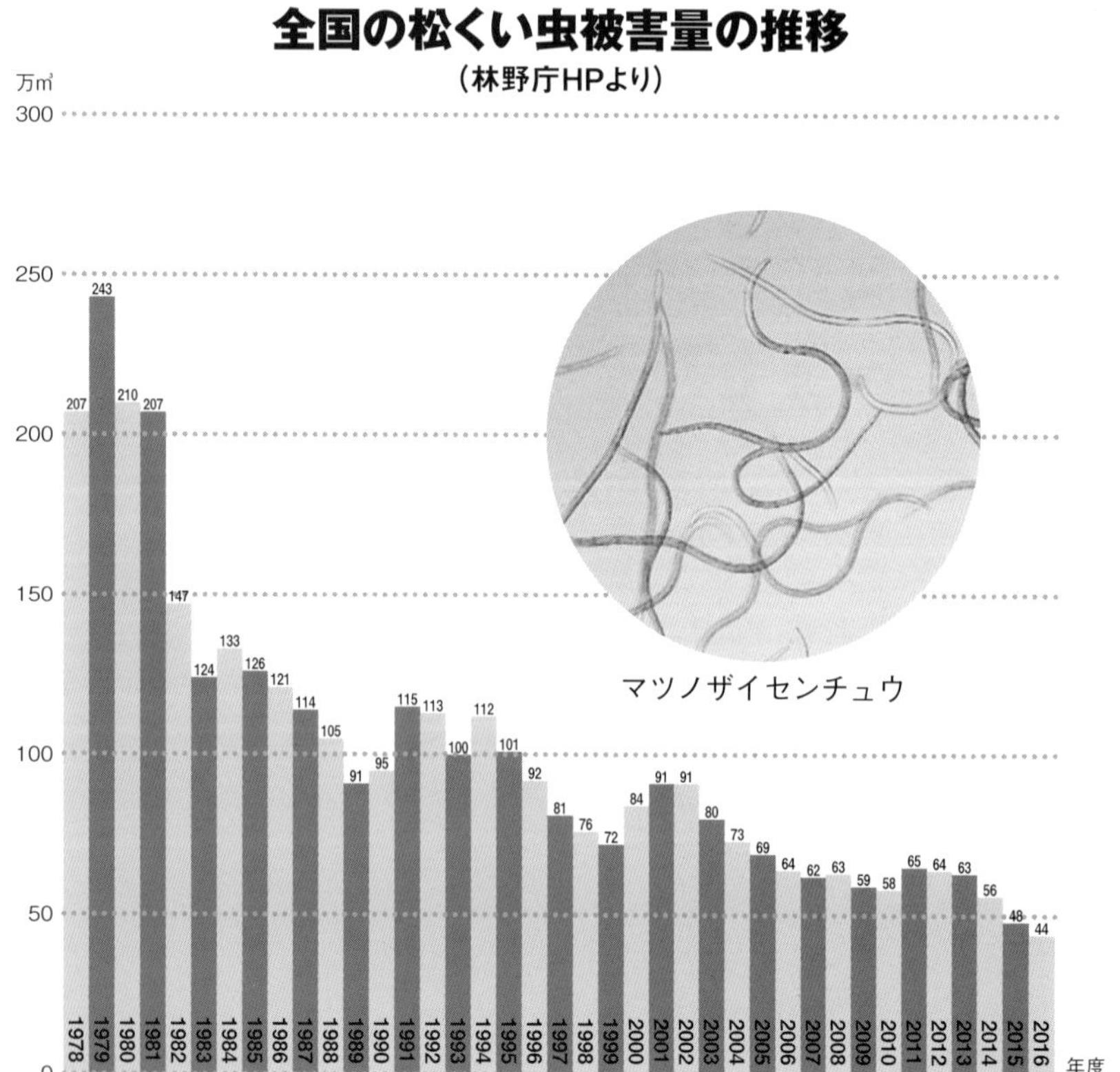


マツノザイセンチュウ

**編集部注：**
防除対策として、空から、地上から薬剤を散布してマツに飛来したカミキリムシを殺したり、前もって薬剤を健康なマツに注入してマツノオザイセンチュウを殺したり増殖を防ぐ方法があります。

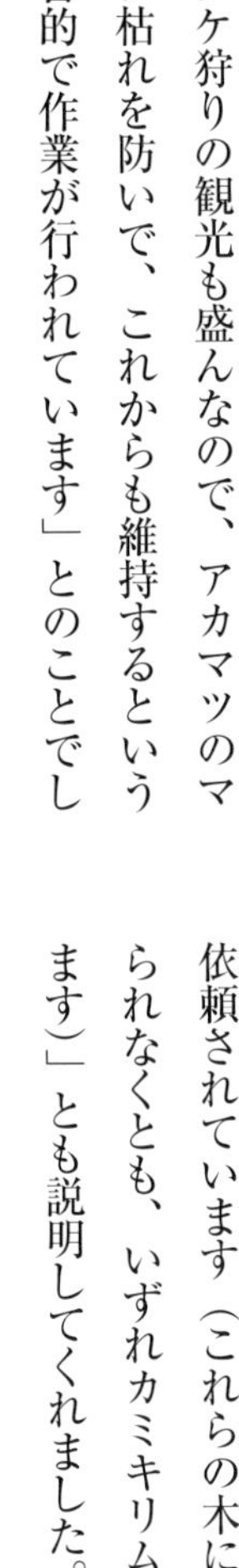

伐倒した被害木を移動させると感染を拡大してしまうので、利用するためには様々な条件があり、今回の現場も含めて、これまでくん蒸した丸太はそのまま土へ返す方法がとられてきましたが、近年はチップ化して燃料として利用する試みが始まっています。

取材現場の元請け事業体である株式会社高山の滝沢賢治さんによれば「山の景観を守ることと、上田市はマツタケ産地でもありマツタケ狩りの観光も盛んなので、アカマツのマツ枯れを防いで、これからも維持するという目的で作業が行われています」とのことでした。

「この現場の予定数量は300㎥です。当社だけで毎年11月から2月中旬の間に2000㎥くらい施業しています、これで年間の作業量の6割くらいを占めます」と話すのは作業を請負っている株式会社弘法林業の大場高之さん。「今回は通常の被害木に加えて、昨年の台風で発生した途中折れ、もと折れ、根こぎ（根返り）の木、合計約100本の処理も依頼されています（これらの木には枯れが見られなくとも、いずれカミキリムシが産卵します）」とも説明してくれました。

大場高之さん。株式会社弘法林業小諸営業所長。地元小諸市出身の45歳。林業経験10年目で、緑の研修生がはじまった当時の修了生。樹上作業を研究中で、弘法林業の現場作業全般のリーダー的存在

土屋稔さん。地元小諸市出身の41歳、経験4年、フォレストワーカー修了。現場に近づきながら、処理木の大体の材積と集積場所の見当をつけてしまうずば抜けたセンスの持ち主。この土屋さんの技は、弘法林業に欠かせない

丸山力さんと愛用の「小トビ」。丸山さんは神奈川県出身で49歳、経験4年、フォレストワーカー修了。班の中では最年長でも身体能力はアスリート並み。体幹の鍛え方の研究に余念がない

白石朋之さん。東京都出身の42歳、林業歴3年目の元介護職。愛用の「手カギ（または荷カギ）」は軽くて丈夫、急斜面を登る時に株などに引っ掛けて使える松くい作業の必需品

◀株式会社高山の滝沢賢治さん。長野市出身の30歳。林業は5年目。高山は不動産、測量、土木、建築と広く経営していて、滝沢さんは農林業の担当。農業部門では麦、大豆、米の水稲栽培合計約20haも担当。林業では松くい作業と本数調整伐の管理を主に担当。弘法林業とのタッグが多い

H29（国）上田第16区
（浦野その3）v=300㎥
取材箇所

**図1**

作業範囲

◀現場の全景。離れたところから見て、被害木の処理状況などを確認する

それでは、弘法林業が上田市で行っている松くい虫被害防除作業（以下、松くい作業）の実際を見てみましょう。

## 現地の確認方法と独特の苦労話

弘法林業では通常、防除作業を3名1班の編成で手分けしながら行っています。作業は図1のような作業範囲を示す図面と、その中で伐倒くん蒸処理を行う合計の材積を指示する形で発注されるので、着手前にできるだけ作業範囲全体を見渡せる場所から、伐倒対象の葉が赤く変色したアカマツを探しながら、作業の進め方を検討しなければなりません。

後述するように被害木の症状は様々ですが、作業前に撮影されている写真の中で、遠くから見渡して被害木と判断できるものが処理されている（＝消えている）ことが、作業完了のひとつの条件になっていて、計画の処理量は遠方から見えている被害木の4倍の材積を目安に設計されているということでした。

この現場のように大面積（今回は約80ha）の山林に不規則に点在する被害木を、遠景から狙いを定めながら、無駄がないよう順序良く処理できるように計画を立てることが、作業者に求められる重要な技術です。資材一式をすべて背負って探しながらアクセスの悪い被害木へたどり着かなければならないため、松くい作業ならではの苦労には事欠かないそうです。

「必ずしも被害木が遠景で見えているとは限らないので、下から見て作戦を立てて、登って行って丸1日やってみて、また下ってから肉眼で見るとつぶれてない（処理できていない）ということもあります。携帯電話のつながる場所で2班体制で入っている時は、少し離れた場所から伐倒直前に電話をかけて、倒れたときに「消えた？」と聞くこともあります。今はスマートフォンで現在地を確認しながら登れますが、以前は終わってみると一つ上の尾根だったということもありました」と大場さん。

「地元の山なので、通勤途中の見渡せる場所で車を停めて山を見たり、「あそこに被害木が増えたね」という話をして作業の参考にしています。作業範囲の中で民家に接近した被害木は、住民から直接「うちの木を処理して欲しい」と要望されることもあるので、そういう時は工程も臨機応変に応じるようにしています」とも話していました。

このように作業範囲が人里から山林内まで広く点在することも、松くい作業では珍しくないことで、地域住民への気遣いも通常の間伐などとは大きく異なる要素です。

また今回は計画上、なるべく図面上の西（地域の境界）から東へ、かつ上から下へ作業を進めてほしいという発注者の意向があり、この順序を踏まえながら、遠景で見えているものは確実に消し、計画する材積の中でできるだけ資材の無駄を抑えるという技術が求められます。

### 玉切りの工夫
### チェーンソーを使って正確に長さを測る

玉切り（測尺）の工夫。定尺の1.2mはそれぞれがチェーンソーを利用して測る。丸山さんのハスクバーナ550では、チェーンソー1台＋バーの先端から目印となる文字までで1.2mよりわずかに長め

矢印が指さしているHとAの文字のあいだが目印。本体に張られているガムテープは、積雪時の雪吸い込み防止対策

# 松くい虫被害防除作業の手順

▶ナンバリング

◀胸高直径の測定と撮影

▶枯れ状況の撮影

◀材積表から枝も含めた材積を求め、記録(予想される玉数も決定)

▶伐倒後、伐根にナンバリングと撮影

◀伐倒状況の撮影（上を見上げての枯れ状況の撮影条件が悪い場合、これが重要になる）

▶玉切りと集積の同時進行、上下作業にならないよう、常にコミュニケーションをとる

◀手カギと小トビなどを使い集積

▶唐鍬で集積の側面を掘る

◀集積した丸太の小口を立木ごとにカラースプレーで色分けし、撮影する。枝はシートを破かないよう、丸太の間に挟み込む

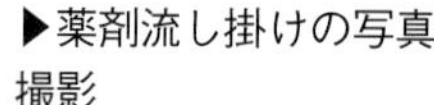

▶薬剤流し掛けの写真撮影

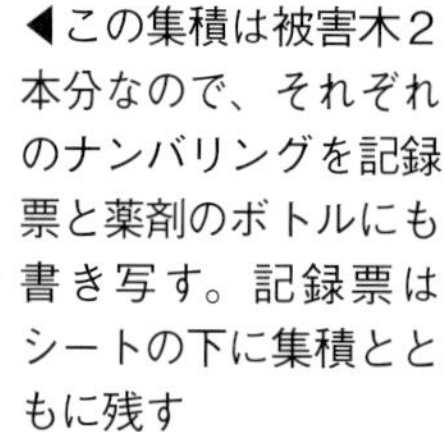

◀この集積は被害木2本分なので、それぞれのナンバリングを記録票と薬剤のボトルにも書き写す。記録票はシートの下に集積とともに残す

▶農林水産省に農薬登録されたカーバム系薬剤を流し掛ける。労働安全衛生法による特定化学物質なので、ビニール手袋とガスマスクを着けて行う

◀速やかに被覆

▶唐鍬でシートを密封する。土の足りない場所ではスコップで土を運ぶ

◀ナンバリングした薬剤の空ボトルを置き、巻き尺を当てて撮影。ひと山の作業手順終了

## 作業手順と作業の特色

この日案内してもらった現場の位置を図1（85頁）に示しました。松くい作業に限ったことではないかもしれませんが、大場さんによればここは「最後にとっておいた南向きの工区のひとつ」だそうです。悪天候で現場が止まることを避けるため、積雪のある地域の皆さんが冬に工夫する工程管理がここでも実践されていました。

被害木にたどり着いてからの作業手順を87～88頁にかけて記しています。作業自体は伐倒、玉切り、集積して薬剤とともにくん蒸用のシートで被覆するという単純作業のようですが、どのような木を倒したのか、それをいくつに玉切り、どのような山に積んだのかの計測結果と、処理結果の記録が、ひと山のくん蒸処理ごとに求められます。そのうえ集積

くん蒸用のシートと薬剤。農林水産省に農薬登録されたカーバム系薬剤、キルパー40（サンケイ化学㈱）と、松くい作業用のシート、ビオフレックス（アキレス㈱）。シートは土中の微生物によって分解されるので、くん蒸後の取り除きは不要。専用に開発されているので弾力があり破れにくく、ソフトで使いやすい。厚さ0.1㎜、4m×4mのものが5枚1組で梱包されている。これらの資材は、作業計画書によって監督員に報告するのはもちろんのこと、使用する量の検収写真まで細かく仕様書に定められている。薬剤のボトルは回収し、産業廃棄物として処理したことの書類も提出する

する山の材積も1・287㎥までと決められています。

玉切り長さは1・2mから1・3mに定められています。処理木の樹高は、集積した丸太の本数×1・2で算出することになっていて、集積後に指定の分解プラスチックのシート（この現場では、商品名ビオフレックス（アキレス株式会社））で覆い、中の丸太に農林水産省に農薬登録されたカーバム系薬剤（ここではキルパー40（サンケイ化学株式会社））を流し掛け、速やかに接地部分を密封します。この一連の作業がくん蒸作業です。

機械に頼ることのできない現場で、時には1本で100kg近い丸太の集積を、定められた材積の範囲内に収めなければならないことも松くい作業に求められるスキルのひとつですが、技術面で一番注目しなければならないのは、林齢が高いので、扱う木の多くが枯れた太径木という点です。

典型的な松くい被害木2種類を下の写真に示します。このうち、左の木のように被害発生からまだ時間の経っていない木は生の木としてツルを効かせることができますが、右のような被害木は枯れているので、ときには中段から折れていたり、伐倒途中に折れることもあります。

大場さんによれば「枯れ木はツルが効かないので、倒れ始めると一気に倒れます。でも、軽いから他の木にかかってしまうと倒れにくい」とのこと。そして、隣接する健康なアカマツの枝を折ったり傷つけたりすれば、マツノマダラカミキリの食事場所を提供することにもなるので、伐倒方向には高い精度が求められます。

丸太を人力で集積するということも伐倒方向に深く関係します。弘法林業の丸山力さんは「たとえば大きく偏心している木を、重心が向かっている方向に倒してしまうと、集積するスペースが無いということもあります。場所が悪くて、玉切った木が転がり落ちてしまった経験もあります。そういうところではチルホールを使ってでも制御して倒さなければなりません。どうしても消してほしいという注文で、牽引能力1・5ｔのチルホールとワイヤを背負って40分登ったこともあります」と、松くい作業ならではの厳しさを語ってくれました。

## 伐倒方向と集積場所の関係

伐倒方向の判断材料は、構造物の有無、伐倒木の重心、樹冠の抜けやすさ（かかり木の原因になる立木や枝の有無）、中・下層の広葉樹の有無に加えて集積場所との関係が大切な要素です。特に急峻な場所では重い丸太の移動に傾斜を利用するので、伐倒方向が集積作業の効率に大きく影響します。

伐倒の妨げになる広葉樹について大場さんにうかがいました。「広葉樹はなるべく伐らないで作業をしたい。先輩から、伐ればその分片付けに手間がかかるのだから、邪魔な木ならなんでも伐るのではなく考えながら作業する、ということを教わりました。小さな広葉樹は伐倒木でつぶしてそのまま、という

### 典型的な松くい被害木2種類

左は赤い枯葉のついた状態のアカマツ被害木、中央は花の咲いているスギ、右は葉がすべて落ちた被害木、葉の無い被害木は落葉後のカラマツと同化して遠景からではわかりにくい

右のQRコードを読み取ると、上の写真をカラーでご覧いただけます

荒っぽい仕事をすると、地元の人はちゃんと見ています。くん蒸した山の中の記録票に会社の名前も残りますしね。そのようなことにも気を付けながら、伐倒からくん蒸までで1人当たり1日3㎥は処理するよう決めています」。

ひと山当たりの材積の上限が決められているので、立木の材積がわからないとどれだけの集積スペースが必要なのかが割り出せません。ですから被害木にたどり着いて最初にすることは1本当たりの材積の計算です。一箇所当たりの被害木は1本ではなく、複数あることがほとんどですから、集積場所はそれらを総合的に判断しなければなりません。

さらに集積場所の条件は日光の当たる場所(低温だと薬剤の効果が下がる)で、広さだけではなく人力で行う積み易さ、丸太の安定性の他に、ビニールシートを固定する土の採り易さも考えます。「ただ集積するのではなくて、いろいろな要素を考え合わせないと作業の能率に大きく影響します。自分では1日当たり3㎥/人、できれば4㎥/人の処理を目指しています」と丸山さん。

## 材積管理

処理作業と同時に記録も担当している丸山さんに、材積の管理についてうかがいました。

「胸高直径を2㎝括約で測り、材積表と樹高から予定の材積と玉切りの数(以下、玉数)、集積する山の数を割りだします。材積には、集積しなければならない直径3㎝以上の枝の分も含まれているので、この枝の量を読み誤ると後で苦労することになります。樹高は定尺での玉切りを繰り返してきたので、それで読むことを体得しました。かなり正確ですが、玉切り後の玉数で最終的に決定します」。

ひと手間ごとに記録を残す必要があるので、これにも苦労しているようでした。「倒す前の枯れの状況を写真記録するんですが、いつも写真で苦労しています。雪が葉にかぶっていると枯葉の赤い色がわかりにくいですし、曇り空でも枯れの状況をうまく写せないことがあります。記録や計測の道具は細々していて、どれがなくてもアウトです。散々山を歩きまわってたどり着いたら仕事にならない、とならないように、1班に最低2セットは携行するように心がけています」。

集積作業中の土屋稔さんにうかがいました。

「同一の集積に3本を超えて異なる枯損木を集積してはならない、と定められていて、集積後も材積の確認ができるよう、丸太1本1本の小口に、どの立木のものなのかカラースプレーでマークをします。枝の多い木もあるので、そのようなときは特に隙間なく丁寧に積まないと予定通りの山数に積めなくなります。枝を山の上に積むとシートを破く原因に

直径3㎝以上の枝もすべて集積する

くん蒸は、直前までのすべての集積が完了した段階で一気に行うので、右上のような準備完了の山ができると、左下のような次の山づくりに移動する。上の丸太、枝、石などが動かないよう細心の注意が必要

弘法林業では、集積が直接健全なアカマツに当たらないように杭を打つ

なるので、細いものは幹の下か間に挟みます」。わずかな判断のミスや気遣いの無さが、作業能率に大きく影響したり班全体の仕事の出来栄えに関係するようです。

材積管理の難しさについて、丸山さんはこのように説明してくれました。

「受注額には必要な資材の金額も含まれています。基本的に1㎥ひと山で、この現場は合計で300㎥。シートとキルパーの必要量は300セット分です。ひと山1・287㎥の上限を超えてはいけないので、例えばある場所の処理材積が1・4㎥あると、0・7×2の2山にしなければいけない。ひと山当たりの基本1㎥に0・3少ないのですが、わずか0・3と考えていると累積して大変なことになります。この時点ですでに0・6㎥のマイナスになっているんです。

10山やって、8山までひと山当たり1㎥で集積して来て、残り2山が0・6×2だと、0・4×2足りない。山は10あるが、材積は9・2㎥しかない。10山に対して0・8の不足。これが累積してゆく。200山までやって184㎥だったとすると、足りない16㎥の分だけ資材が不足することになります。ひと山が1㎥を越えることもあるので、相殺されてこの時点で資材が200セットで収まるのが理想ですが、なかなか難しい。ですから作業をしながら、常に基本となる山数に対して、

## 途中折れの枯死木処理作業<br>連続写真

▶胸高直径の測定をする丸山さん

◀この木はねじれながら折れている

▶接地している先端側からチェーンソーで測尺しながら玉切る

◀元側に近づくにしたがって、より慎重に木の動きを見ながら玉切る

▶先側が接地した状態で、重心を利用して倒せることを確認し、伐倒をはじめる大場さん

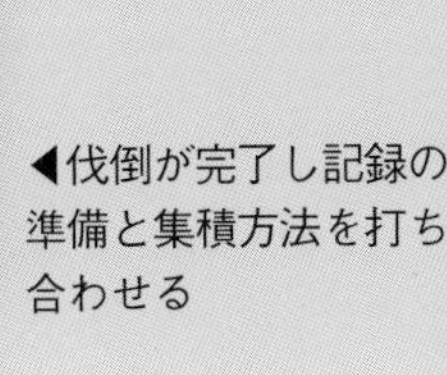

◀伐倒が完了し記録の準備と集積方法を打ち合わせる

実績がどのくらいの山数と材積なのかを考えていなければなりません」。

## 必要な道具と資材

弘法林業の皆さんが使用している道具と資材を示します。

松くいに特有なのは、計測に必要な輪尺、記録に必要な野帳、筆記用具、カメラ（バッテリー）、マジック、巻き尺、記録票とクリアホルダー、ナンバリングテープ、ホチキス、カラースプレー3色、くん蒸に必要な唐鍬（この地域では「かっさび」とも呼ばれている）とスコップ、専用シート、薬剤、ビニール手袋、ガスマスク、ガムテープです。

山では小さな道具を落とすことは当たり前ですが、前述したようにこのどれが欠けても仕事にならないため、必ず1班で2セットを携行します。またシートと薬剤は当然、処理する予定量よりも多めに持ち上げなければなりませんが、キルパー（薬剤）はボトル1本当たりの内容量が750㎖ですので、1人当たり3㎥の作業を行うにはこれを3本（1㎥に1本を使用する）、約2・2kg携行しなければならないうえに、空容器もすべて持ち帰らなければなりません。

手作業での集積があるので、小トビや手カギ、トングなどを各自の扱いやすさに合わせて使うのも特徴のひとつです。弘法林業の白

滝沢さんのゲドレ製ハンマー。ヘッド部分を付け替えられる。柄の根元にある鉄スリーブによって強度をアップし、柄へのダメージも軽減される

道具と資材一式。ここには写っていないが、スコップはアルミ製のものが濡れても扱いやすい

滝沢さんの手袋、ハスクバーナプロテクティブグローブ　テクニカル。定価5,800円＋税。丸太運搬など、すべてが手作業なので手袋は良い物でも1か月もたない

▲プラロック1000。50mの専用ロープを注文した（付属のものは10m）
◀白石さんと1人当たり約30kgを背負いあげるザック

石朋之さんは「丸山さんが使っている、ヘッド部が大きいのが小トビ（85頁のプロフィール写真）で、僕が使っているのは「手カギ」と呼ばれています。ホームセンターで売っていますが、「荷カギ」と言う呼び名で売っている所もあります。軽くて丈夫、急斜面を登る時に株などに引っ掛けて使えたりもするので便利で大好きです。小トビか手カギは、松くい作業にはなくてはならない道具だと思います」と説明してくれました。手カギは白石さんのプロフィール画像をご覧ください。

牽引が必要な場合はチルホール一式や、プラロック（＋専用ロープ50ｍを注文）（92頁右下の写真）とセッティング用にスローラインも活用しているそうですが、大場さんは「針葉樹の作業ではスローラインに時間がかかることもあるので、クライミングスパーで登ることもあります」と話していました。

松くい作業に特有ではありませんが、皆さんそれぞれにヘルメットの好みがあるので、各製品のメリットなどを含めて下の写真に示します。

## チームワークと地域への気遣い

松くい作業について続けて白石さんは「細かい作業がたくさんあるので、道具と資材の運搬・管理等の分担や、作業の段取りを考えて周りの同僚の動きを予測して行動するチームワークが必要とされる点が、面白いと思います。チームワークが上手く機能しないと、どうも手順がギクシャクして、「なんか仕事の進みが悪いな～」という事もままあります」。

チームワークは現場人の基本のひとつです。被害木を探しながら林内を移動し、複数の作業要素を手分けしながらすべてを人力で行い、1日の目標値と達成具合がリアルタイムで見える現場では、全員が作業全体の進捗を見渡せる能力を持つことが欠かせないことを、弘法林業の現場は物語っています。

また、過酷な作業を続けるためには目的と価値観の共有が必要です。作業後の出来栄えを常に気にかけながら、ひとりひとりが異口同音にマツタケ山と景観維持について話してくださったことが印象的な、松くい虫被害防除作業の現場取材でした。

滝沢さんの車の中国製電動ウインチ。ネットオークションで新品を本体5,000円、リモコン7,000円で購入。ワイヤはφ6㎜で20m。2tの牽引能力でリモコンがあるので1人作業でも牽引伐倒に使える

弘法林業の皆さんに愛用のヘルメットについてコメントしていただきました。左から白石さんのアルベオベスト（ペツル）、イヤマフはペルター。樹上作業時にバイザーが邪魔にならない。軽く感じるのと、フィット感が良い。大場さんのプロトス（ファノー）。装着感とイヤマフの収納性で選んだ。ただ、色が多いので選ぶときに迷う。土屋さんのスーパープラズマ（カスク）。ペルターのイヤマフはデシベル数（消音機能の大きさ）で選んだ。丸山さんのスーパープラズマ（カスク）。ネットのフェイスガードは切り屑が入るので透明のものを選んだ。これは傷つきにくく耐久性がある。ダイヤル調整できるのでフィットする。夏は少し暑く感じる

カスクのヘルメットのアジャスト部分

# 山仕事の最適な肌着研究
## ―機能性と汗冷え対策

**山仕事中の汗対策はどのようにしていますか？
汗で濡れたままでいると、体が冷えて体調を崩してしまうおそれがあります。
松村先生に、汗冷え対策と最適な肌着について、解説いただきます。（編集部）**

文　**松村哲也**
東京大学研究員・信州豊南短期大学非常勤講師

### 肌着の機能で身体パフォーマンスアップ

林業において、防護装備というと最近では真っ先にチェーンソー防護ズボン・チャプスを思い浮かべる人が多いことと思います。あるいはヘルメットやゴーグル、サングラス、イヤーマフ、防振手袋にチェーンソー防護ブーツといった装備でしょうか。これらの防護装備に共通している機能は、外界からやってくる様々なものごとの影響から着用者の身体機能を護り、生命機能を維持しようとするものです。これは言い換えると、「エネルギーへの不本意な露出から身体生命を護る」ということになります。たとえば、回転するチェーンソー刃による切り裂く力、落下物による衝撃、エンジンからの振動といった機械的エネルギーからの防護、太陽からの強い光エネルギーからの防護、音のエネルギーからの防護、暑さ寒さといった熱エネルギーからの防護といった具合です。

こうした見方に基づくと、雨天時に着用するレインウェアも、寒冷時に着用する防寒ジャケットも、防護装備のひとつだということができます。そして、今回のテーマである「肌着」もまた防護装備、しかも最も身体に近い防護装備なのです。

### 林業と汗

わが国の林業は、作業者を取り巻く自然環境が極めて多彩で、往々にして過酷だという特徴を持っています。気温40℃、湿度も80％を超える高温多湿環境や、外気温が氷点下二桁となるような雪と氷の厳寒環境、雨に降られることもあれば、立っていられないほどの強風に曝されることも珍しくはありません。そして、とにかく汗をかくことが多い仕事だということも特徴です。急斜面の移動や重量物の運搬など、夏だけでなく、氷点下の厳冬期であっても、結局1年を通じて、何かと汗をかく場面があります。

チェーンソー防護ズボンやヘルメットやゴーグル、サングラス、イヤーマフ、防振手袋にチェーンソー防護ブーツと同様に、「肌着」もまた防護装備、しかも最も身体に近い防護装備なのです
写真は 99 頁で登場する馬目さん

人間は、常に体表から水分を放出しています。寒暖にかかわらず水分の放出は行われますが、身体周囲の温度が高い場合や、体を動かすなどの行為によって体温が上昇した場合には、体温を平熱まで下げようとする働きが起こり、通常よりも多量の水分を汗として皮膚表面に分泌します。汗は体表で外気に触れることで蒸発・気化して乾きます。この時に気化熱とよばれる熱量が持ち去られるため、体表は冷却されます。

　このように、発汗そのものは私たちの生命を維持するための体熱冷却装置として欠かせないものなのですが、冷却に適したタイミングを逃し、必要な量を超えて分泌された過剰な汗は、ベタ付き感や「汗冷え」、濡れた衣服が貼り付いて身体の動きを邪魔するなど、様々な弊害を持たらします。この過剰な水分をコントロールするための重要な存在が、最も体に近い部分に着用する衣服である「肌着」なのです。本稿では、素肌に直接触れる衣服をまとめて肌着として扱います。男性におけるボクサーブリーフやトランクスなどいわゆる下着と呼ばれる衣服に加えて、Tシャツ、アンダーシャツやタイツ、ステテコなども肌着に含まれると考えて下さい。

## 「汗冷え」が体力を奪う

夏の高温多湿環境を想定してみましょう。気温も高く、身体を動かす作業が多い状況では体温が激しく上昇します。そして上昇した体熱を平熱に戻すために、大量の汗が分泌されて冷却活動が始まります。

　この時、なにも衣服を着ていないとすると、常に外気に触れている肌表面から汗による水分の蒸発とともに体熱が急速に外気中へ放散され、身体の冷却が進みます。とはいえ実際にはハダカということはなく、何か肌着を着ていることでしょう。少量の発汗であれば、肌着が汗を吸水し、肌表面の水分を取り去ってくれるため、素肌と肌着との間に微細な空気層が生まれます。サラッとしたドライな着心地になり、また肌着表面からは緩やかに蒸発・気化と冷却が進み、人体は快適な状態となります。しかし、大量の発汗で素肌も肌着もグッショリと濡れてしまうと状況が一変します。肌着の外側表面では水分の蒸発・気化が盛大に行われるので、肌着がたっぷり含んだ水分は気化熱の作用でどんどん冷えていきます。液体である水はとても熱を伝えやすい性質を持っているため、濡れた肌着に接触している体表からもどんどん熱を奪い、激しい運動によって上昇した体温も急速に下がります。このとき、体温が平熱に戻ったところで肌着もほどよく乾き、気化による冷却が停止してくれればよいのですが、乾ききらずに濡れが残った場合には冷却が止まらずに、さらに体温は奪われることになります。このような過冷却状態のことを「汗冷え」と呼びます。たとえ真夏であっても低体温症からの死亡を引き起こす危険があるため、軽視できない現象です。

　そして寒冷期もまた、汗冷えに警戒が必要です。防寒の目的で衣服を重ねて着込むため、一番内側に位置する肌着が汗で濡れてしまうと乾燥が難しいことから、汗冷えを引き起こしやすいのです。

　また、発汗以外に、雨や雪の侵入によって衣服・肌着が濡れてしまった場合でも汗冷え同様の過冷却の要因となります。

　では、どうすれば汗冷えを予防できるのでしょうか。

　肌と肌着が汗による水分で濡れて接触している状態が汗冷えを引き起こします。かといって汗をかかないというわけにはいきませんので、肌着を工夫することで、水分を積極

身体に密着するサイズ選びが大切です（画像提供：ファイントラック）

的に肌の表面から除去し、肌と肌着との間に空気層を作り出すことが、過度な冷却による体温低下を防ぐカギになります。

## 肌着で汗をコントロール

肌着の工夫によって汗による水分を積極的にコントロールすることで、汗冷えのない快適な状態を作るためには、①汗による過剰な水分を肌表面から吸収して濡れ状態を解消し、②吸収した水分を速やかに蒸発・気化させて乾燥状態に戻る、という機能が必要になります。そこでまず、肌着を構成している繊維成分が水分を抱え込まない性質（疎水性）であることが求められます。合成繊維ではポリエステルやポリプロピレン、ナイロンなど、天然繊維ではウールといった素材が適しています。これらの素材を繊細な糸に加工し、編み上げて1枚の布地を作ります（ニッティング）。原料糸の細さと立体的な編み構造を備えた布地は、毛細管現象によって速やかに肌表面の水分を吸い上げます。しかし、糸自体は水分を抱え込まないため、肌との接触面は濡れない状態を保つことができます。こうして過度な体温低下を防ぎながら、外気と触れ合う肌着外側表面からは盛大に水分を蒸発・気化させ、布地中の水分を外気に放出します。

一方、水分を抱え込む繊維素材としては、木綿（コットン）、レーヨンといった素材を挙げることができます。これらの素材は、少量の発汗で止まっている場合には肌触りもよく快適なのですが、一旦グッショリと濡れてしまうと、なかなか乾かず、いつまでも肌を濡れた状態にしてしまい、結果として汗冷えによる体温低下を促進してしまうのです。

最近では、こうした汗冷えに強い肌着を、スポーツ用衣服などから選択することができます。製品に付属しているタグを見て、どのような機能を備えているのか、そして、繊維素材の名称についても確認しましょう。

## レイヤリングで衣服全体の汗コントロール

では、肌着の上に重ね着する場合はどうでしょうか。真夏はともかく、通常は肌着の上に他の衣服を重ねて着ることになります。そうすると、たとえ性能のよい肌着が効率的に水分を外気へ蒸発・気化させようとしても、上に重ねた衣服がその妨げになってしまいます。この課題に、古くから取り組んできたのが登山家たちでした。とくに冬山登山では、極端な低温環境の中で、身体の保温と、雨や雪そして汗による過剰な水分を外気に排出することの両立が求められるからです。

科学技術の進歩とともに、これまでにない性能を備えた繊維製品の開発が進みました。登山家たちは新技術・新素材を貪欲に取り入れながら登山用衣服を進化させていきました。

そして現在、登山用衣服システムの主流となっているのが「レイヤリング」という技術です。

レイヤリングとは層を重ねていくこと、すなわち衣服の重ね着そのものです。しかし、単なる重ね着と異なるのは、衣服に求められる様々な機能を「レイヤー：層」として分類・整理したうえで、重ね着する衣服の1枚1枚に必要な機能を分担させる点にあります。一般的なレイヤリング・システムでは、衣服全体の機能を3種類あるいは5種類に分類することが行われています。

たとえば3種類に分類する場合、肌に一番近いレイヤー、すなわち肌着が備える機能を「ベースレイヤー」と呼び、肌表面の過剰な水分を吸収し拡散させて、外側へ蒸発・気化させることで、肌をドライに保ち、汗冷えを抑える役割を担います。ベースレイヤーの外側には、「ミドルレイヤー」があり、ここで

### ◎山仕事用の肌着に適した素材

合成繊維
**ポリエステル**
**ポリプロピレン**
**ナイロン**
天然繊維
**ウール**

### △山仕事用にあまり適さない素材

合成繊維
**レーヨン**
天然繊維
**木綿（コットン）**

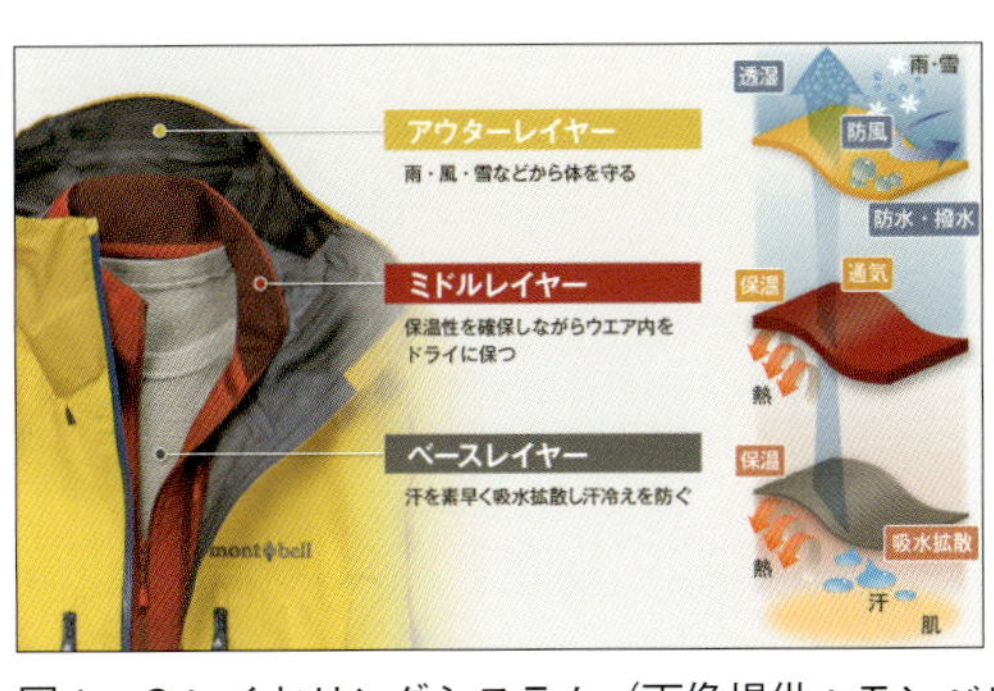


図1　3レイヤリングシステム（画像提供：モンベル）

は、ベースレイヤーから移動してきた水分を外側へと伝え、ベースレイヤーの乾燥を促すとともに、保温を担当します。フリース生地はミドルレイヤーによく使用される素材です。最外層は「アウターレイヤー」とよび、風雨や雪など外界からの影響を遮り、衣服内部と身体を保護する役割があります。さらに、繊維素材としてゴアテックスなどの防水透湿性素材を採用することで、ベースレイヤーが吸水し、ミドルレイヤーを経由してきた水分を外気へと放出します（図1）。

ベースレイヤーが担当する機能を、肌表面から水分を除去してドライ感を保つ機能と、除去した水分を受け取って拡散・蒸発させる機能に区別し、さらにアウターレイヤーが担当する機能を、耐風性・透湿性を確保したレイヤーと、本格的な雨や雪から防護するための最外殻「アウターシェル」に分割すると5種類の分類となります（図2）。

図2　5レイヤリングシステム。
ファイントラックのカタログ図より改変

## 林業用レイヤリング・システム

登山家が採用しているレイヤリング技術は、林業の世界でも、非常に役に立つものです。そして活動環境が似ていることもあり、登山用に作られた衣服類の多くは、林業現場でも抜群の性能を発揮してくれます。ただ、林業ならではの事情から、そのまま登山用の衣服を採用することが難しい部分もあることは事実です。たとえば、フリース素材はチェーンソー作業時にオガクズが絡み付くために使いにくいこと、そもそも日常の作業着として使うには高価であったり、耐久性が気になったりという課題があります。そこで、登山用レイヤリング技術の要点を参考にしながら、ぜひ身近なスポーツ量販店やホームセンター、あるいは作業服量販店を訪問していただきたいのです。最近は安価な製品の中にも一流ブランド製品と遜色ない機能・性能を備えたものが多くあります。こうしたものを自分たちの作業環境や好みに応じて組み合わせて、オリジナルの林業用レイヤリング・システムを完成させましょう。

キャシャール峰南ピラー初登攀　最後の難関、ヘッドウォールのクライミング（ネパール・ヒマラヤ）（写真提供：馬目弘仁さん）

## さらに機能的な肌着たち

肌着によって汗の水分をコントロールし、快適を保つ方法について記してきましたが、さらに機能的な肌着をいくつか紹介したいと思います。

まず、ボディ・アシスト・ウエアと呼ばれるものです。激しく筋肉を使用するスポーツ向けに開発された製品で、部分的に繊維素材や編み密度を変え、締め付け強度を変化させることで、筋肉の動きを支援するデザインを備えています。用途や強度に特色を持った様々な製品が各社から販売されており、膝や腰のサポートをうたうタイツ形状の製品は林業従事者の中にも愛用者が多くいます（上中央写真）。

さらに、身体を動かした後の回復に主眼を置いた製品も登場しました。リカバリー・アシスト・ウエア（左上写真）とでも呼ぶべきこれらの製品は、血流改善機能を備えた特殊繊維を使用しており、作業後の休息時に着用することで積極的に回復を促進させようとするものです。

また、ITと衣服が融合したスマート・テキスタイルも今後の進化が期待されるテクノロジーです。電気を通すことができる繊維を使用することで、布地の中に電子回路を構成します。すでに心拍や血圧などを感知するための回路が織り込まれた肌着も製品化されており、肌着が人間の体調変化を感知して、自動的に救助連絡を発信するといった仕組みが検討されています。

カンテガ1峰北壁
ヒマラヤのバーティカルアイス（ネパール・ヒマラヤ）（写真提供：馬目弘仁さん）

AATH繊維を用いたウェアを着用することで、動きながら体のリカバリーをやさしくサポート。運動や仕事で疲れる体の回復をサポートする次世代のウエア
**製品例** オンヨネ（オンヨネ㈱） A.A.TH スピードリカバリ・アクティブ ノースリーブ
【素材】ポリエステル100%（AATH繊維）
【定価】9,180円（税込）

膝や腰のサポートをうたうタイツ形状の製品（ボディ・アシスト・ウエア）は林業従事者の中にも愛用者が多くいます
**製品例** ミズノ（美津濃株式会社） BG5000H バイオギアタイツ（ロング）
【定価】10,260円（税込）

女性用のラインアップも各ブランド用意されています（画像提供：ファイントラック）

体験アドバイス

# 高機能アンダーウエアは コストパフォーマンスが抜群です！

## ベース（肌着）が大事

登山では、アンダーウエアの重要性は常識となっています。どんなに優れたアウターウエアを着込んでいてもベース（肌着）がしっかりしていないと状況によっては遭難事故につながります。実際、綿などの吸水性が高い素材のアンダーが原因で低体温症に陥り、亡くなった事例がいくつもあります。

日本の冬山登山の例ですが、20kgを超えるザックを背負っての雪深いラッセル中はマイナスの気温でも汗だくです。そこから北アルプスの主稜線（標高3000m級）まで上がって行くと状況は一変、強風と酷寒で汗をかくどころではありません。ヒマラヤの高峰登山でも同様です。発汗する暑さ〜酷寒まで、1日の中でも急激な気温変化があります。もちろんアタック中は、着替えなどありません。夏山登山でも同様です。私の住む信州松本は、夜は涼しいのですが日中は都会と変わりないくらい暑くて、里山ではちょっと歩くだけでそれこそ汗だく。標高1500mを超える高地では、日向は暑いが日陰に入ると震えるくらいの寒さを感じることもあります。

「山仕事」は、登山と同じくらいにハード。レイヤリングで調節することが難しく、いつも大量発汗と汗冷えの狭間での活動だなと感じています。林内で、夏場にまさかTシャツで仕事をするわけにもいきませんし、冬場に破れやすいダウンジャケットを羽織るのもちょっと無理があります。ウエアに期待するのは、どんな状況であってもオールマイティーに機能すること。その場合に、お金をかける程度が最も少なくて効果抜群なのが高機能アンダーウエアです。

## メッシュ系のアンダーがおすすめ

現在、メッシュ系のアンダー（次頁）を（オールシーズン、登山でも仕事でも）愛用しています。最新の商品は、以前のものと比較して全く別物と言っていいほどに優れモノ。網目が大きいので速乾性に非常に優れています。そして不思議とホンワリした暖かさを感じます。汗のにおいも気にならない快適性があります。

さて、どんなに優れていても耐久性が著しく劣るようでは仕事着としては使えませんね。その点はご心配なく。「必ずネットに入れて洗濯」することくらいで気遣いはOK。私の場合、他のウエアと混ぜて普通に洗濯機で洗っていますが、3年以上問題なく使えています。ストレッチ性が非常に高いので着用中に破れるようなことはほとんど無いでしょう。選ぶ時は、しっかりフィットが大事。個人差がありますが、商品によっては肌に合わない場合もありますので注意してください。仕事使用には化繊素材100%がお勧めです。

カンテガ3峰東リッジ
中間部のナイフエッジ（ネパール・ヒマラヤ）
（写真提供：馬目弘仁さん）

▶馬目さんの林業作業スタイル。いつもメッシュ系のアンダーウエアを着用しています

**馬目弘仁**（まのめ）
松本広域森林組合／長野県

1969年生まれ。福島県出身。信州大学農学部卒業。松本広域森林組合の現場技能職員として林業に従事する一方で、世界的なアルパインクライマーとして活躍中。2009年ネパールヒマラヤテンカンポチェ峰（6,500m）北東壁初登攀ほか、国内外の山々を多数登攀。2012年にはキャシャール南ピラー（6,770m）初登攀に成功し、登山界最高の名誉と言われる第21回ピオレドール賞を受賞している。ザ・ノース・フェイス（The North Face）のグローバルアスリートでもある。

汗冷え対策に!

**オンヨネ（オンヨネ㈱）**
**ブレステックPP**

【素材】プロポリピレン97％・ポリエステル3％
【定価】4,320円（税込）
汗を素早く外に押し出すポンピング力が非常に優れているため、べとつきの不快感もなく、長時間着用しても肌に汗を残しません。吸汗・速乾性の高いウエアと重ね着することで、体温を奪う原因となる「汗冷え」を防ぎます。

**モンベル（㈱モンベル）**
**ジオライン L.W.ハイネックシャツ Men's**

【素材】ジオライン®（ポリエステル）100％
【定価】3,908円（税込）
軽量で速乾性に優れているので、寒い季節の激しく汗をかく運動や、夏場のウォータースポーツなど、オールシーズン活躍する汎用性の高いモデルです。

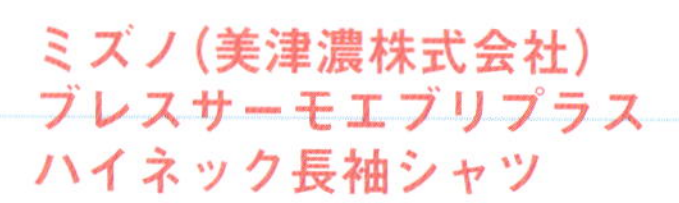

**ミズノ（美津濃株式会社）**
**ブレスサーモエブリプラス**
**ハイネック長袖シャツ**

【素材】ポリエステル91％・合成繊維（ブレスサーモ）9％
【定価】3,780円（税込）
発熱した温かい空気を閉じ込める二層構造を採用。裏起毛でさらに温かく、柔らかな着心地です。また、ストレッチ性や汗冷え抑制、お肌にやさしいpHコントロール機能も兼ね備えています。寒い日の外での仕事や、屋内でも暖房の設定温度を低めに設定できることで節電にも役立つ1枚です。

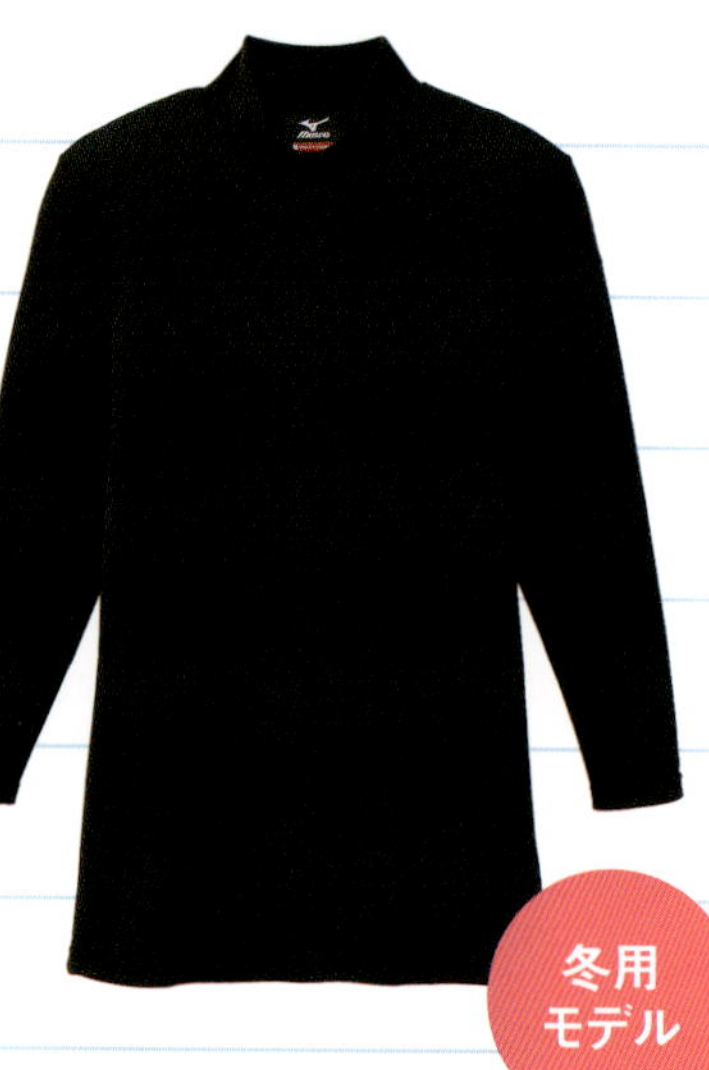

冬用モデル

メッシュ系

**ファイントラック（㈱finetrack）**
**スキンメッシュ**

【素材】ポリエステル100％
【定価】5,076円（税込）
優れた耐久撥水性<100洗/80点>で肌をドライに保ち、濡れ冷えを軽減。安定した温かさで体力をキープします。肌面に汗成分が残留しにくく、汗をかいても臭くなりにくいです。徹底的に追求した立体デザインによる高いフィット感でストレスフリーの着用感。ソフトで快適な着心地です。

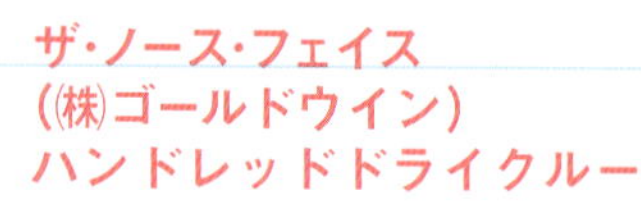

**ザ・ノース・フェイス**
**（㈱ゴールドウイン）**
**ハンドレッドドライクルー**

【素材】100DRY Bodymap HoneyComb Mesh（ポリプロピレン100％）
【定価】5,616円（税込）
水分を含まない特性を持つポリプロピレンを100％使用したベースレイヤーです。身頃と袖はハニカムメッシュ構造で高い通気性と肌離れのよさを確保。汗を素早く放出する一方で、濡れ戻りを防ぎます。肩は摩擦に強い天竺編みで補強。両脇身頃はシームレスの丸胴成形により、縫い目による肌当たりも気になりません。ストレッチ性の高い生地は、身体にフィットしながらも複雑な動きに追従。繊維に付着したバクテリアの繁殖を抑えて、汗によるにおいの発生を軽減するポリジン加工を施しています。洗濯や収納に便利なネットケース入り。

馬目さん着用製品

メッシュ系

メッシュ系

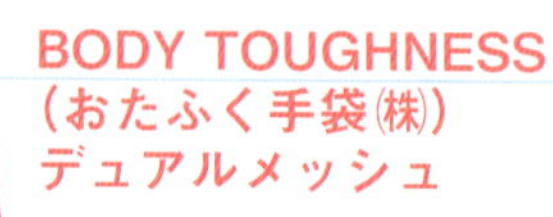

**BODY TOUGHNESS**
**（おたふく手袋㈱）**
**デュアルメッシュ**

【素材】ポリプロピレン62％・ポリエステル38％
【定価】2,462円（税込）
最大の特長は高い吸汗速乾性です。水分を含まない性質をもったポリプロピレンと吸汗速乾性に優れたポリエステルの2層構造生地を使用。これにより、汗を肌面から素早く外側へと移動させ、肌面をドライで快適な状態にします。汗冷え対策にも最適です。カラー展開はブラック、グレー、ブルーがあります。

**モンベル**　https://www.montbell.jp/
**ファイントラック**　https://www.finetrack.com/
**オンヨネ**　https://www.onyone.co.jp/
**ミズノ**　http://www.mizunoshop.net/
**ノースフェイス**　http://www.goldwin.co.jp/tnf/
**おたふく手袋**　http://www.otafuku-glove.jp/

※製品によって、女性用、半袖・長袖、丸首・Vネック、ハイネック等の展開があります。
購入先等も含めて、詳しくは各ブランドのウェブサイトやカタログをご確認ください。

作業衣研究シリーズ②

# チェーンソー防護ズボン・チャプスのメンテナンス、効果的な洗濯方法

**「低下した性能を回復するために定期的な洗濯が必要です」。そう教えてくれた松村先生に、効果的な防護衣の汚れの落とし方について解説いただきます。（編集部）**

文　松村哲也（まつむら・てつや）

博士（農学），測量士，調理師。東京大学研究員。信州豊南短期大学非常勤講師。専門分野は森林利用学。主要研究テーマは、快適な林業用防護装備の開発、色彩を活用した林業の安全向上策。

**洗濯でここまで変わります！**

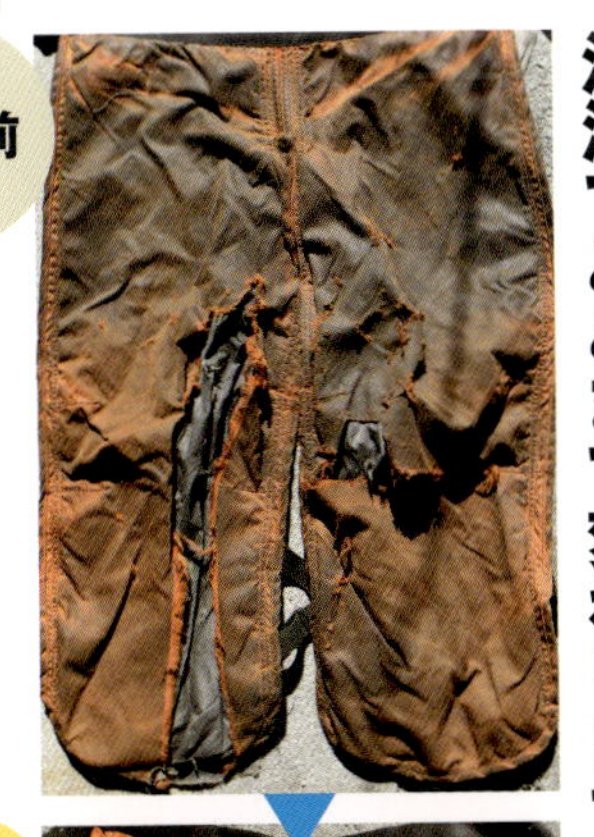


## 洗濯による汚れの除去と防護衣の機能回復

前号（Vol. 17）の「作業衣研究シリーズ①チェーンソー防護ズボン・チャプスの防護メカニズムと汚れ成分の分析」で解説したように、防護ズボン・チャプスに付着した汚れ成分は様々な側面から、防護性能を低下させます。

そのため、低下した機能を回復させる定期的なメンテナンス作業の一環として、防護ズボン・チャプスから汚れ成分を除去する作業、つまり洗濯が必要になります。

このとき、防護ズボン・チャプスには様々な繊維素材が使用されているということに注意してください。ナイロン、ポリエステルといったように繊維原料の異なるものが組み合わされている場合や、前側表面表地のように

頑丈な布地に対して、防護繊維層のように極めて精細な繊維を使用している部位もあるといったように、極端に性質の異なる素材が組み合わされていることがあるため、不適切な洗濯作業によって、かえって防護性能を損ねてしまう危険性があるのです。

　また、洗濯の頻度も重要なポイントです。洗濯を行う手間や乾燥に要する時間といったものを考えると、毎日洗濯するのは現実的ではありません。しかし、週に一度、できれば予備の防護ズボン・チャプスと交替しながら数日に一度は洗濯して汚れを落としたいものです。とくにチャプスタイプの製品では、作業終了後に脚部から取り外した後は、現場の作業小屋や道具倉庫に置いてきてしまうことも多いようで、なかなか事務所や自宅へ持ち帰って洗濯する機会がないといった声も聞かれますが、ぜひとも「低下した性能を回復するための定期的なメンテナンス」という意識で洗濯に臨んでいただきたいものです。

## 洗濯の前に

　実際に洗濯に取り掛かる前に、まず防護ズボン・チャプス内部に縫い付けられている表示タグの内容を確認します。製造元名称など様々な情報が記載されている中に、下写真に示されているような図形があるはずです。

　これらの図形は「衣料品取り扱い方法の絵表示」というもので、製造元によって推奨される洗濯方法を示しています。もし、磨耗などで文字や図形が判読できない場合、もしくはすでにタグを切り取ってしまったような場合には、購入時に添付されていた取扱説明書を確認するか、製造販売元に問い合わせてください。様々な繊維素材が組み合わされている防護ズボン・チャプス製品ですから、防護性能を損なわないためにも、製造販売元が示す取り扱い内容を厳守しましょう。後々困らないように、購入時にタグの写真を撮影しておくことも良い方法です。

　ところで、この絵表示ですが、これまでヨーロッパをはじめとする諸外国で使われてきた表示方法と、わが国独自の表示方法とでは、その図形や意味が大きく異なっていました。これは洗濯習慣・手法の違いや洗濯機の構造の違いが原因であったのですが、国際標準ISO（ISO 3758：2012）の改定が進んだことから、わが国独自の表示方法（JIS L 0217：1995）を国際標準へ統合する方策が検討されてきました。そして2016年12月1日を境として、以前の旧表示（L 0217）は廃止され、ISOと統合された新表示（JIS L 0001：2014）へと移行しました。現在も旧表示のタグが付いた製品が多く着用されていますが、旧表示と新表示とでは絵表示の図形・指示内容に違いがあるので注意してください。輸入製品については、元々ISO方式の表示がなされているものがほとんどですので、新表示（L 0001）と同様の扱いが可能です。

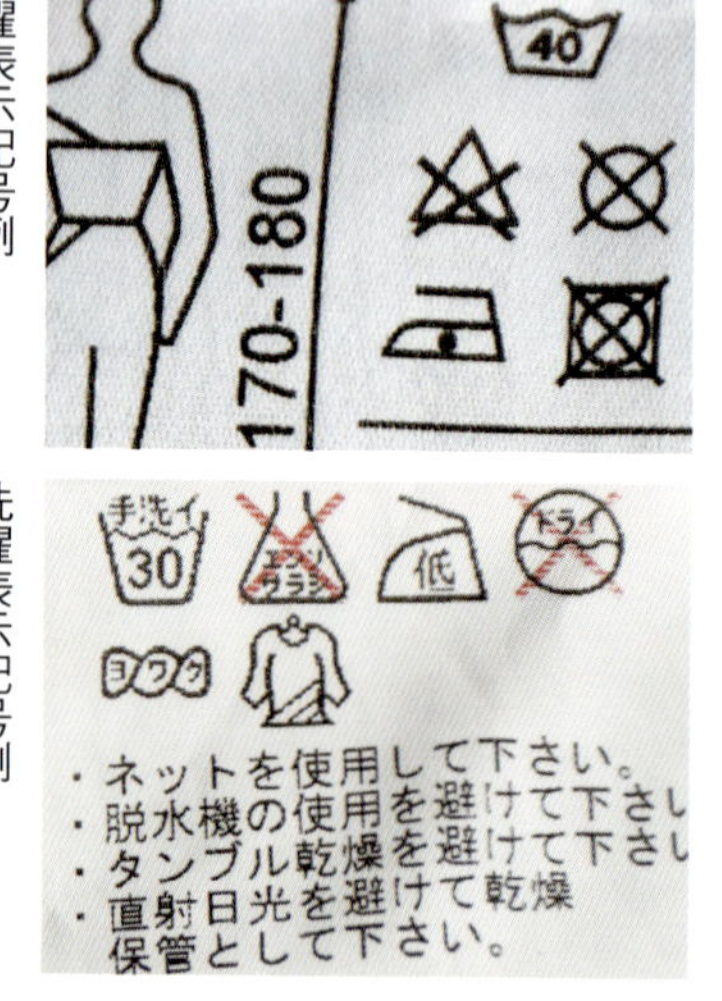


洗濯表示記号例（ISO基準）

洗濯表示記号例（旧表示）

　さて、洗濯方法について表示タグの内容を確認してもらいたいポイントが3点あります。

⑴ 洗濯機を使用することができるか

　手洗い指示しか表示されていない場合には、洗濯機を使用することはできません。洗濯機が使用できない場合には、しぼり方（旧表示）と干し方も確認しておきましょう。

⑵ 洗濯温度は何度までか

　防護繊維層は高温に敏感なので、指示温度を超えてはいけません。また、洗濯用洗剤が最も洗浄能力を発揮するのは40℃程度の温水になります。

⑶ 乾燥機を使用することができるか

　防護繊維層は高温に敏感なので、乾燥機

(タンブル乾燥機)を使用できる製品はあまりありません。使用が可能な場合でも乾燥温度の表示を確認しましょう。

## 洗濯用洗剤の選び方

防護ズボン・チャプスの洗濯に使用できる洗剤は、一定の条件をクリアしている必要があります。

油脂・泥・ニオイといった汚れの落ちが良く、すすぎによる残留成分の除去がしやすいことが基本ですが、多くの防護ズボン・チャプスが「漂白剤」の使用を禁じているため、漂白剤を配合した洗剤は使用できません(一部の防護ズボン・チャプスは酸素系漂白剤の使用が可能)。また、「蛍光増白剤」を配合しているものも、防護ズボン・チャプスが本来備えている色彩の見え具合を変化させる懸念があるため、避けたほうが良いでしょう。さらに、「柔軟仕上げ剤」の使用も、防護繊維の表面を界面活性剤でコーティングしてしまうことから、繊維が本来持っている機能を変化させる懸念があるため、お勧めできません。

様々な洗濯用洗剤が市販されていますが、これらの条件を満たす洗剤製品は、そう多くはないのです。

### 液体合成洗剤

液体合成洗剤は、少量の使用で十分な洗浄力を発揮する濃縮タイプの使い勝手の良さ、1回すすぎ洗濯に対応したすすぎ落ちの良さといった利点から、最も適しています。汚れを落とす能力については粉末合成洗剤のほうが一歩有利ですが、通常の洗濯には十分な性能を持っています(トップスーパーNANOX:ライオン、ウルトラアタックNeo:花王など)。抗菌成分の配合で、部屋干しの際の悪臭発生に対抗した製品は、乾燥機が使用できない防護ズボン・チャプスの乾燥にも効果的です(トップHYGIAハイジア:ライオンなど)。液体合成洗剤の中にも「酸素系漂白剤」「蛍光増白剤」「柔軟仕上げ剤」を含んだものがありますので、そうしたものは避けましょう。

従来の洗剤メーカーとは異なる分野の企業からも、より高い性能を追求した液体合成洗剤が発売されています。

たとえば、登山やトレールランニング用の高機能ウェアで知られるアウトドアブランド「ファイントラック」が開発したアウトドア製品用濃縮液体合成洗剤「Allwash(オールウォッシュ)」は、繊細な高機能繊維を損なうことなく、泥汚れ・油汚れ・ニオイを除去する性能が高い製品で、チェーンソー作業ズボン・チャプスの洗濯にも好適です。

ファイントラックのオールウォッシュ。アウトドア用品店で購入できます。
価格:1,350円(税込み)
内容量:420g
原産国:日本
※詰め替え用パックもあります。
(画像提供:株式会社 finetrack(ファイントラック))

## 衣料品取り扱い方法の変更

2016年12月1日から、防護ズボン・チャプスも含む衣類などの繊維製品の洗濯方法を示す表示が新しく制定されたJIS L 0001に規定される記号に変更されました。従来の日本独自の表示から、国際標準のISO規格と統合した表示となりました。

ISO規格への準拠に伴い、洗濯時の機械力の種類・程度や処理温度などの表示が「指示表示」から「上限表示」へ、つまり、その洗濯方法によって衣服が損傷を受けない、取り扱い条件の上限を示すものとなりました。また、表示の省略も認められることとなり、表示をすべて省略した場合には、あらゆる処理が可能という意味になります。

表示に使われる記号も大幅に変更され、従来の6分類22種類から5分類41種類へと増加しました。酸素系漂白剤処理、商業ウェットクリーニング処理、タンブル乾燥処理に関する記号が追加され、一方で絞り方表示や〝中性〟〝ネット使用〟〝あて布〟といった付記表示が廃止されました。

# 新JISの洗濯表示記号

平成28年12月1日以降に表示する記号

### 表1 洗濯処理

| 番号 | 記号 | 記号の意味 |
|---|---|---|
| 190 | 95 | ・液温は95℃を限度とし、洗濯機で洗濯ができる |
| 170 | 70 | ・液温は70℃を限度とし、洗濯機で洗濯ができる |
| 160 | 60 | ・液温は60℃を限度とし、洗濯機で洗濯ができる |
| 161 | 60 | ・液温は60℃を限度とし、洗濯機で弱い洗濯ができる |
| 150 | 50 | ・液温は50℃を限度とし、洗濯機で洗濯ができる |
| 151 | 50 | ・液温は50℃を限度とし、洗濯機で弱い洗濯ができる |
| 140 | 40 | ・液温は40℃を限度とし、洗濯機で洗濯ができる |
| 141 | 40 | ・液温は40℃を限度とし、洗濯機で弱い洗濯ができる |
| 142 | 40 | ・液温は40℃を限度とし、洗濯機で非常に弱い洗濯ができる |
| 130 | 30 | ・液温は30℃を限度とし、洗濯機で洗濯ができる |
| 131 | 30 | ・液温は30℃を限度とし、洗濯機で弱い洗濯ができる |
| 132 | 30 | ・液温は30℃を限度とし、洗濯機で非常に弱い洗濯ができる |
| 110 |  | ・液温は40℃を限度とし、手洗いができる |
| 100 |  | ・家庭での洗濯禁止 |

### 表2 漂白処理

| 番号 | 記号 | 記号の意味 |
|---|---|---|
| 220 |  | ・塩素系及び酸素系の漂白剤を使用して漂白ができる |
| 210 |  | ・酸素系漂白剤の使用はできるが、塩素系漂白剤は使用禁止 |
| 200 |  | ・塩素系及び酸素系漂白剤の使用禁止 |

### 表3 タンブル乾燥

| 番号 | 記号 | 記号の意味 |
|---|---|---|
| 320 |  | ・タンブル乾燥ができる（排気温度上限80℃） |
| 310 |  | ・低い温度でのタンブル乾燥ができる（排気温度上限60℃） |
| 300 |  | ・タンブル乾燥禁止 |

### 表4 自然乾燥

| 番号 | 記号 | 記号の意味 |
|---|---|---|
| 440 |  | ・つり干しがよい |
| 445 |  | ・日陰のつり干しがよい |
| 430 |  | ・ぬれつり干しがよい |
| 435 |  | ・日陰のぬれつり干しがよい |
| 420 |  | ・平干しがよい |
| 425 |  | ・日陰の平干しがよい |
| 410 |  | ・ぬれ平干しがよい |
| 415 |  | ・日陰のぬれ平干しがよい |

※ぬれ干しとは、洗濯機による脱水や、手でねじり絞りをしないで干すことです。

### 表5 アイロン仕上げ

| 番号 | 記号 | 記号の意味 |
|---|---|---|
| 530 |  | ・底面温度200℃を限度としてアイロン仕上げができる |
| 520 |  | ・底面温度150℃を限度としてアイロン仕上げができる |
| 510 |  | ・底面温度110℃を限度としてアイロン仕上げができる |
| 500 |  | ・アイロン仕上げ禁止 |

### 表6 ドライクリーニング

| 番号 | 記号 | 記号の意味 |
|---|---|---|
| 620 | P | ・パークロロエチレン及び石油系溶剤によるドライクリーニングができる |
| 621 | P | ・パークロロエチレン及び石油系溶剤による弱いドライクリーニングができる |
| 610 | F | ・石油系溶剤によるドライクリーニングができる |
| 611 | F | ・石油系溶剤による弱いドライクリーニングができる |
| 600 |  | ・ドライクリーニング禁止 |

### 表7 ウエットクリーニング※

| 番号 | 記号 | 記号の意味 |
|---|---|---|
| 710 | W | ・ウエットクリーニングができる |
| 711 | W | ・弱い操作によるウエットクリーニングができる |
| 712 | W | ・非常に弱い操作によるウエットクリーニングができる |
| 700 | W | ・ウエットクリーニング禁止 |

※ウエットクリーニングとは、クリーニング店が特殊な技術で行うプロの水洗いと仕上げまで含む洗濯です。

現行JISでは、「中性」の付記用語や、アイロンのあて布の記号「〰」の付記の方法が定められていましたが、新JISではこれらの定めは無くなりました。

弱 30 中性　高

#### 付記用語について

記号で表せない取扱情報は、必要に応じて、記号を並べて表示した近くに用語や文章で付記されます。（事業者の任意表示）

考えられる付記用語の例：**「洗濯ネット使用」「裏返しにして洗う」「弱く絞る」「あて布使用」** など

資料：消費者庁「家庭用品品質表示法に基づく繊維製品品質表示規程の改正について」より

また、防護ズボン・チャプスの製造販売元であるハスクバーナ・ゼノア社からも、同社の製品向けに「Active Cleaning（アクティブクリーニング）」という製品が用意されています。防護服だけでなく、エアクリーナー・フィルターの洗浄にも使用できます。

**粉末合成洗剤**

粉末合成洗剤は、液体合成洗剤よりも強力な成分を配合することができるという利点がありますが、最初にしっかりと水に溶かす必要があったり、すすぎが効きにくいこと、また、「酸素系漂白剤」や「蛍光増白剤」を配合した製品が多いことから、防護ズボン・チャプスの日常的な洗濯には使いにくい特徴があります。ただし、頑固な汚れを落としたい場合の漬け置き洗いには有効な洗剤です。

**おしゃれ着洗い用液体中性洗剤**

デリケートなおしゃれ着を洗濯する際に使用される液体中性洗剤は、「漂白剤」や「蛍光増白剤」が入っていませんので防護ズボン・チャプスの洗濯にも使用可能です。しかし汚れを落とす能力が高くないため、汚れがひどいものの洗濯には向いていません。また「柔軟仕上げ剤」が配合されているものは避けましょう。

**洗濯用純せっけん**

敏感肌の方々に支持されているのが、純せっけん分を主原料とした洗濯用せっけんです。液体と粉末の製品があり、液体のものは使い勝手もよく、洗浄力は弱いものの、防護ズボン・チャプスの洗濯に使用が可能です。粉末のものは、使用前によく溶かしておく必要があること、せっけんカスが発生しやすいこと、成分が残留しやすいことなど、使いにくい特徴もあります。また、使用する際には、すすぎを十分に行いましょう。

## 洗濯機を使用した洗濯

まず、防護ズボン・チャプスと通常の洗濯物を混ぜないようにしましょう。可能であれば、洗濯機も通常の洗濯用とは別に用意することをお勧めします。

防護衣にはグリースのような粘性の高い油汚れや木くず、石などの異物が付着していることがあるため、通常の洗濯物に汚れを移してしまったり、木屑や石で傷つけてしまうだけでなく、洗濯機そのものを汚損したり傷付けてしまう可能性があります。

続いて、洗濯用洗剤を規定の濃度の倍程度に水で薄めた洗剤液を作り、スプレーボトルに満たしておきます。そして、汚れのひどい部分に向けて洗剤液をたっぷりと吹き付けてから、洗濯機に投入します。複数の防護衣を洗濯する場合などは、スプレーで吹き付ける代わりに、バケツやタライに規定の濃度の洗剤液を用意して、汚れた防護衣を浸すのでも構いません。これは、できるだけ早いうちに洗剤の成分で汚れを包み込むことで、繊維からの分離を促進するための方法です。

洗濯機の動作モードは、防護衣付属の表示タグの指示に従います。とくに水流の強さに注意してください。水温は洗剤が最も洗浄力を発揮する40℃の温湯が理想ですが、表示タグの温度指定が30℃以下の場合には30℃に留めてください。なお、40℃に届かない場合でも、できるだけ水温が高い方が洗浄力は高まります。

洗剤の取扱説明書に従って、洗濯物の重量や水量に適した規定の洗剤量を投入します。粉末洗剤の場合には、あらかじめ水もしくは温湯で溶かした後に投入します。

時間に余裕がある場合には、洗い工程の途中で一時停止し、20分～2時間ほど漬け置くことも効果的です。

汚れと残留洗剤成分の除去には、すすぎ水にも温湯を使用することが効果的ですが、すすぎ水の温度が低い場合には、1度のすすぎ工程で十分な効果が期待できる、すすぎ性能の高い液体洗剤製品の使用をお勧めします。また、成分が残留しやすい粉末合成洗剤や粉末純せっけんを使用する場合には、十分なすすぎを心がけてください。

脱水工程が終了した後は、速やかに洗濯機から取り出して乾燥工程に進みます。洗濯機に長く残置すると、防護繊維層に洗濯シワが強く残り、防護繊維の分離不良をまねく恐れがあります。

ほとんどの防護ズボン・チャプス製品は、高熱によって防護繊維層が損傷を受ける危険性が高いため、乾燥機（タンブラー乾燥機）の使用が禁じられています。

干し方について、表示タグに指示がある場合にはそれに従いますが、指示がない場合でも、風通しの良い場所での吊るし陰干しをお勧めします。直射日光下での吊るし干し、平置き干しは、防護ズボン・チャプス表面布地の色褪せを助長します。とくに蛍光色素材を使用しているものでは、直射日光への長時間暴露を避けましょう。

乾燥終了後は、防護繊維バッグの部分を軽く叩いてシワや固着をほぐして、完成です。

## 漬け置き洗い

汚れがひどい場合には、漬け置き洗いが効果的です。

汚れがひどい防護ズボン・チャプスをいきなり洗濯機で洗濯しようとしても、思ったように汚れが落ちないばかりか、洗濯槽に汚れが移行してしまい、洗濯機自体を汚損してしまうことがあります。そうした場合には、洗濯機による洗濯に先立って、バケツやタライを使用した漬け置き洗いを行います。

バケツもしくはタライ等の容器に40℃の温湯を用意し、湯量に対して適切な量の洗剤を溶かします。この時、液体合成洗剤よりも洗浄力の高い粉末合成洗剤の使用をお勧めします（漂白剤を含まないもの）。

防護ズボン・チャプスを洗剤液に浸し、まんべんなく洗剤液がいきわたるように、3分ほど揉み込みます。

水面に密着するように食品用ラップで覆い、汚れの程度に応じて2～24時間ほど洗剤液に漬け込みます。洗剤液が冷めないように保温できればより効果的です。

漬け込み終了後、軽く揉み洗いした後に洗剤液を捨て、すすぎます。

すすぎ終了後、まだ汚れ落ちに満足できない場合には、漬け置き洗いを再度繰り返します。

漬け置き洗いによってほぼ汚れが落ちたところで、洗濯機を使用して洗濯します。ここでは、すすぎ性能の高い液体合成洗剤を使用しましょう。

脱水工程終了後、吊るし陰干しにて乾燥します。乾燥終了後は、防護繊維バッグの部分を軽く叩いてシワや固着をほぐして、完成です。

## 洗濯によって機能性を回復させた事例

ここで、ひどい汚れによって、視認性はじめ防護具としての機能性が低下した防護チャプスを、家庭用の洗濯洗剤と洗濯機を使用して洗濯することによって、その機能性を回復させた実験の結果を紹介します。

こちら（次頁の写真）は森林組合の作業班員が2年間洗濯せずに使い続けた防護チャプスです。元々は、前面表地に視認性の高いオレンジ色のナイロン綾織生地を用いた製品で、国内の林業従事者に広く使用されているものです。汚れの蓄積によってオレンジ色から灰色へと見た目の色彩も変化しており、表地の裂けを補修しようにも、汚れを除去しないことには作業に取り掛かれないような状態でした。

まず、洗濯前に汚れがひどい部位（回復部位：洗濯前）の色彩値を計測し、できるだけ汚れていない部位（非汚損部位）の色彩値と比較し、色の違い具合を表す色差値（dE）を求めました。

その後、漬け置き洗いを2回、簡単な手揉み洗い1回、洗濯機による洗濯2回を経て、乾燥させました。

乾燥後、汚れがひどかった部位（回復部位：洗濯後）の色彩値を測定したうえで、洗濯前後の色彩の変化を求めるとともに、汚れがひどかった部位と一般的なスギ林におけるスギ葉部位、スギ樹皮部位との間の色彩値と色差値の変化を比較しました。

色彩値（L*a*b*値）はそれぞれ、非汚損部位（73,33,39）、汚損部位（52,5,5）、回復部位（68,35,41）となり、非汚損：回復部位間の色差dE=5.74と一連の洗濯作業によって色彩はかなりの回復を見せました。

一方、視認性の変化について、青森県南部町のスギ林にて測定した葉部色彩・樹皮部色彩との比較では、葉部では色差28.68から62.53へ、樹皮部では色差37.09から69.23へと拡大を見せ、森林作業環境での防護チャプスの視認性を大きく改善することができました。

（※本研究は科研費15K00683「林業労働の死傷事故を予防低減する機能性色彩デザイン」の助成を受けたものです。）

## 修理できる範囲

防護ズボン・チャプスの修理も重要なメンテナンス作業のひとつですが、私たちができる修理作業はかなり制限されています。

防護ズボン・チャプスの性能や構造については、JIS T 8125-2（日本工業規格）やISO 11393-2（国際標準規格、EN 381-5（欧州標準規格））といった各種の規格によって規定されており、修理や加工によってその構造を改変することは認められていないのです。そのため、とくにズボン・チャプス前面の、チェーンソー刃を受け止める部分や防護繊維層については、基本的に修理・加工ができないものと考えてください。

たとえば、ズボンの裾丈が長すぎる場合、余分な裾を切って裾上げしたくなりますが、

### 2年間洗濯せずに使い続けた防護チャプスの機能性を回復させた実験の結果

#### 洗濯による高視認性色彩の回復

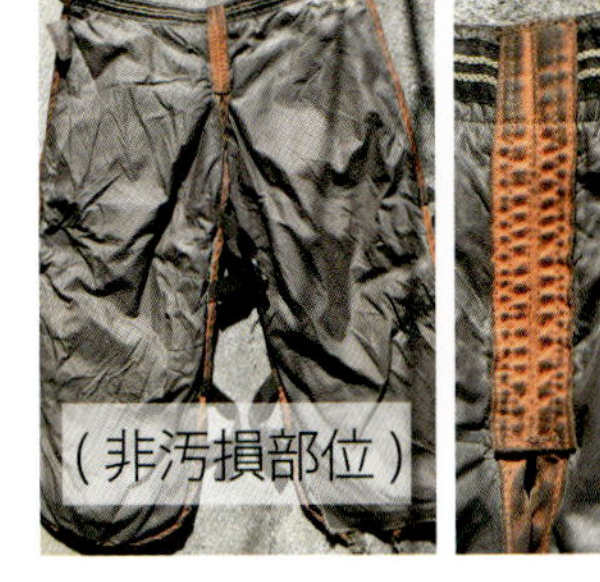


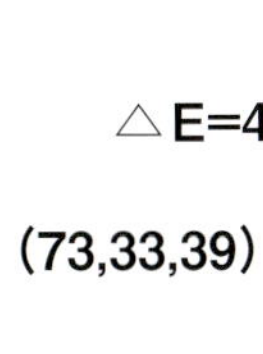

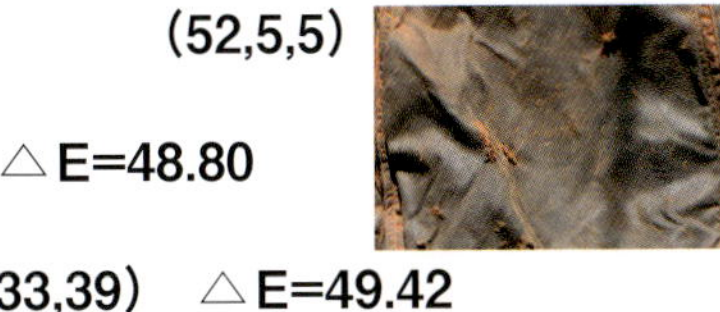


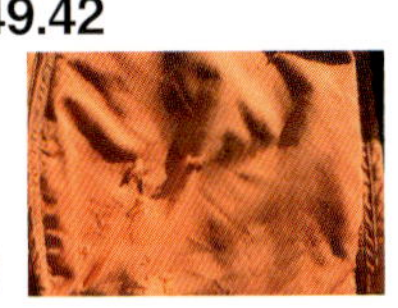

#### 森林内での防護服視認性の回復

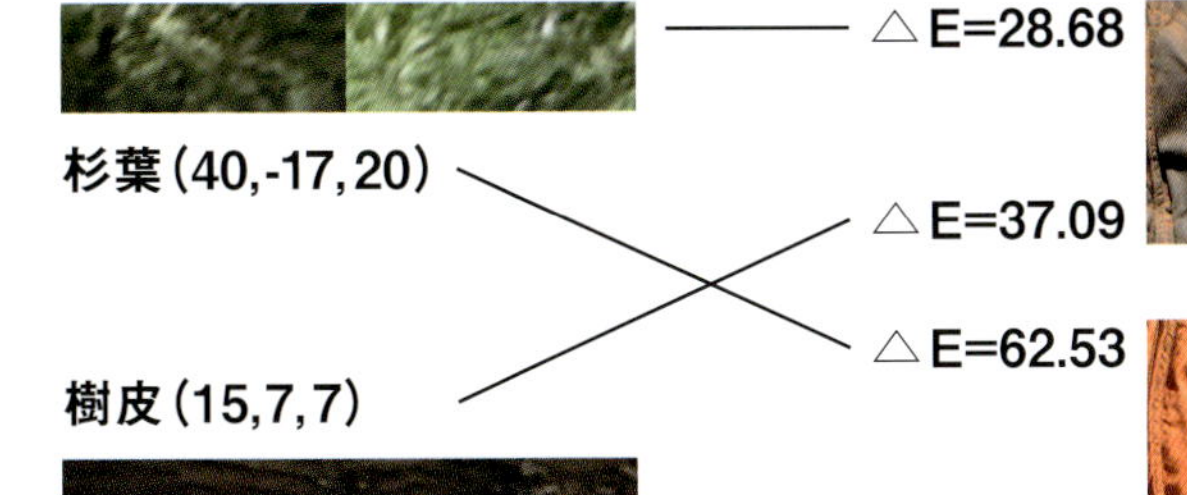


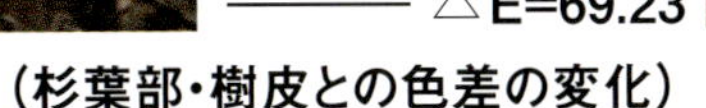

（杉葉部・樹皮との色差の変化）

内部の防護繊維層の端から裾先までの長さは50㎜と規定されていますので、その長さを改変することは規格上認められないのです。とくに防護繊維層を切ったり、縫ったりする行為は、チェーンソー刃停止性能に悪影響を与える恐れがあるので厳禁です。

しかし、日常的な林業作業のなかで、前面表地を枝に引っ掛けて引き裂いてしまったり、かすかにチェーンソー刃を当ててしまって破れるといったことはよくあります。

このとき、防護繊維が引き出されてしまったものや、防護繊維層に損傷を受けたものについては修理はできないと考えてください。チェーンソー刃停止性能が低下している恐れがありますので、使用は控えましょう。残念ですが廃棄処分すべきです。

問題は、防護繊維層はまったく無傷で、前面表地だけが裂けたり穴が開いてしまった場合です。この場合、修理を行って再使用するかどうかは自己責任となります。防護ズボン・チャプスの取扱説明書に修理に関する記載がある場合には、その内容に従い、不明な場合には製造販売元に問い合わせることをお勧めします。

さて、実際に前面表地に生じた裂け目や穴を塞ごうとする場合ですが、くれぐれも防護繊維層に影響を与えないように注意してください。

防護ズボン・チャプス製品の中には購入時に当て布（パッチ布）を同梱してあるものがありますので、活用しましょう。こうしたパッチ布がない場合には、類似の布地を流用するか、手芸専門店やアウトドア用品店で販売されているナイロン地の修理用パッチ布を使用します。

パッチ布の当て方として、(1)縫い付ける　(2)接着剤　(3)アイロン接着　といった方法がありますが、いずれの方法でも前面表地の加工だけで留めて、内部には触れないようにします。とくに、防護繊維層に糸を通すこと、防護繊維への接着剤の付着、アイロンの熱による防護繊維の変質には注意してください。また、パッチ当てによって表地が硬くなり過ぎないように気をつけましょう。

一方、身体の後側、臀部など防護範囲外の部分に生じた裂けや穴を修理することは比較的自由です。ただし、着心地を損ねないことと、防護性能だけでなく、林業作業時に着用する「作業服」としての本来の性能を損ねないことが求められます。

## 廃棄のめやす

一度でもチェーンソー刃を受け止めて防護繊維層が引き出された後の防護ズボン・チャプスは再使用できませんので廃棄しましょう。

また、チェーンソー刃を受け止めたことはなくても、防護繊維が引き出されたり、防護繊維層に損傷を受けているものはチェーンソー刃停止性能が低下している可能性があるため、残念ですが廃棄しましょう。

焚火やバーナー・トーチで焦げたり溶けたりしたものも、熱によって防護繊維が損傷している場合があります。その他、塗料や接着剤、溶剤をはじめ酸やアルカリといった薬品類を浴びてしまった場合にも防護性能が低下している可能性がありますので注意してください。

損傷を受けていなかったとしても、防護ズボン・チャプスの耐用年数は意外に短く設定されています。2年程度に設定されているものが一般的で、製品によって違いがあるため取扱説明書を確認しておきましょう。耐用年数を超えても十分な防護性能を発揮できるものがあるかもしれませんが、個々の使用状況や作業環境によって損傷や劣化の状態は異なります。外見が良好であっても内部の防護繊維が劣化していることがありますので過信は禁物です。

防護ズボン・チャプス着用者自身そして安全管理者は、新品を使用開始した日時を記録しておき、耐用年数を過ぎた製品については回収・廃棄し、新品と交換するように努めましょう。

※この原稿は、中部森林学会、森林利用学会、日本繊維製品消費科学会で発表した内容を再編集・構成したものです。

# ロープ高所作業（樹上作業）の特別教育「ここを学んでほしい！」

## 中坪講師に聞く

２０１６年から、雇用主が従業員をロープ高所作業に従事させるには、法令（労働安全衛生規則）に則った「特別教育」を受講させることが必須となりました。現在、各地でこの「特別教育」が実施されていますが、一般産業（建設業やビル清掃等）での作業を想定した講習が多いようです。

そのような中、樹上作業に特化した特別教育を実施している団体が、「アーボリスト®トレーニング研究所」です（以下、ＡＴＩ）。ＡＴＩでは特別教育用のテキストも制作し、樹上作業を想定しながら法令に則った特別教育を行っています。

その講習内容はどのようなものか、どんな講師が教えてくれるのか、気になりませんか。そこで当コーナーでは、ＡＴＩのトレーナー・中坪政貴さん（中坪造園有限会社／岐阜県）に、実際に講習で伝えている内容、受講生に学んでほしいことを伺いました。

（編集部）

**中坪政貴さん**

アーボリスト®トレーニング研究所トレーナー／中坪造園有限会社／岐阜県

取材・文　**梶谷哲也**

黒滝村森林組合／奈良県

## 最初は我流のロープ作業

**―中坪さんの普段のお仕事内容を教えてください。**

庭師です。個人のお客さんも公共事業も含めて、自然石と木を扱う仕事ですね。庭で松の木の剪定もやりますし。

**―その中でロープを使った高所作業もされているんですね。**

神社とかお寺のお客さんが多いんですね。倒すスペースがなくて、そのままでは倒せない木が多いです。その時に、登って枯れ枝を取りに行ったり、そこで切ったりって仕事があるもんですから。昔はロープ1本持って「はい、やってこい」っていう仕事で、これでは「そのうち落ちるぞ」という危機感がありました。

**―ロープ1本でされていたんですか?**

この辺は山（アルプス）があるんで、山に登る人たちがロープを使っていたんですね。それで、ロッククライミングの道具を見よう見まねで使って、あまりうまくいかなかったけど、ずっとそれで仕事していました。

ある時ユーチューブを見たら、外国の人が枝の先までロープで行って手入れをしていました。それに衝撃を受けまして。僕は、日本の庭師が一番仕事を丁寧にやると思っていたのに、「あんな真似はできない」と思いました。

**―そこから現在に至るまでの経過は?**

ある時、木から下りられなくなって、上でサドルを脱いで置いてきたことがありました。今となっては、フリクションヒッチが間違っていたのか、他の原因だったのかは分からないですけど。とにかく下りられなくなったんです。

このまま我流で仕事していると危ないと思って、いろいろ調べたら、講習があることを知ったんですよ。当時は名称が異なりましたが、ATIが実施している「ベーシックアーボリストトレーニング1」に相当する講習です。

我流とはいえロープを使って仕事をしていたので、「いまさらこんなことを」と思ったけど、例えばカラビナのゲートは外側・内側のどちら向きにセットして使うのか、そうい

### 中坪政貴さん

（なかつぼ まさたか）

岐阜県高山市で造園業を営む「中坪造園有限会社」の代表。46歳。樹木医。アーボリスト® トレーニング研究所（ATI）のトレーナーの1人。「ロープ高所作業（樹上作業）特別教育テキスト」（ATI著）の執筆に深く関わる。ISA認定ツリーワーカー・クライマースペシャリスト。ATI認定ツリークライミングアーボリスト。

### アーボリスト®トレーニング研究所

アメリカに本部を置く国際組織ISA（International Society of Arboriculture）が認める日本国内唯一のアーボリストトレーニング組織。日本におけるアーボリスト技術と知識の普及を目指し、各種の技術・安全講習のほか、ATI認定資格「TCA」やISA認定国際資格「TWCS」取得に向け、教育を行っている。

ロープ高所作業の特別教育も実施（スケジュールは下記公式サイトに掲載）。その際に使用するテキストを自らまとめ、一般向けに販売も行っている（左記参照／発行・全林協）。

略称はATI（Arborist Training Institute）。ジョン・ギャスライト所長。愛知県瀬戸市。

www.japan-ati.com

### 「ロープ高所作業（樹上作業）特教育テキスト」

樹上作業に特化したロープ高所作業特別教育用テキスト。法令で定めのある事項について、樹上作業の実際に基づいて解説されている。

定価／2,800円＋税

発行／全国林業改良普及協会

う本当の基礎をいろいろと教えてもらって。知らないことばかりだったので、「これは凄い！」と思って。それから順番に講習を受けて、知らない間にこう（講師という立場に）なっていました（笑）。

**―それはいつ頃の話ですか？**

2012年くらいじゃないですかね。それまでは勝手に登っていました。それはあまりにも危ないですね、いま考えると。

**―やはり最初の基礎って大事ですよね。**

そうですね。最初はもちろんですが、専門の教育もそれ自体はベースでしかないんです。しかし、そのベースが全てです。

中坪造園の仕事風景。墓地での断幹・リギング

はっきり言えば、ロープで登って仕事するのは、そのうち誰でもできるようになるんですけど、結局、常に基本に戻るんです。なぜ・どう危ないかを分かっていてやるのと、危ないということが分からずにやるのとでは、意味がまったく違います。ですから、その際の拠り所となるベースを最初に学んでおくことが、いかに大事かってよく思っていますね。

## 特別教育の講師として

**―2016年に、法令に基づく「ロープ高所作業特別教育」がスタートしました。中坪さんは、ATIが実施する特別教育で講師をされていますが、受講者は林業の人、造園業の人、どちらが多いですか？**

半々ですね。林業の方は、里へ下りてきて剪定とか山以外の仕事もしたいと来られる方が多いですね。

林業の方の中には、講習会で「これからはこれ（ロープ）で全部やります」って言う方がいるんですけど、「いやいや、今まで長年木を伐ってきている、それこそ大切な技術ですよ」って言うんです。木を伐ることは山の人はピカイチです。登らずに、ピンポイントでバタンと倒せるならそれが一番の技術ですから。

**―分かります。新しい技術に溺れてしまうことがあるんですよ。木に登らなければ落ちることもないですからね。**

枝下ろしは別として、もしも人工物を傷付けることなく確実に倒せるのなら、わざわざ登る必要はないんです。その伐倒技術にロープの技術を加えてもらえたらいいですよね。

◀中坪造園の仕事風景。クレーンを使用した道路際の伐採

## ロープ高所作業 樹上作業と他業種との違い

**—この特別教育は、法面工事やビル清掃の従事者などにも適用されていますが、樹上作業は他の業種とどう違うと思われますか？**

僕は樹上作業の方が複雑だから、本来樹上作業が最も先に来るべきかなと思いますけどね。でも、法面の人に聞いたら「法面の方が難しい」と言うでしょうけどね（笑）。

ここ（ロープ高所作業（樹上作業）特別教育テキスト）にも書いたんですけど、リスクは現場ごとに変わるんです。例えば、ある枝にロープを掛けたとして、その時はそれが正しくても、樹上で違う枝に掛け直したり、別の木に変わったりすると、当然リスクが変わります。

常に決まったアンカーを使うわけでもなく、アンカーの強度が数値で保証されているわけでもない。だから、木が相手の仕事は複雑で難しいと思います。

**—樹上作業に関わる人は、林業、造園業など業種にかかわらず受講しておくべきですね。**

法令の定めにあるように、身体をロープで保持して作業する仕事に従事しているのであれば必要になるでしょうね。

それぞれの人がどんなお仕事をされているか分からないので、特別教育の受講が必要かどうかの判断は事業者の責任によって決められるべきと思います。特別教育が必要だと思われる事業者の方は受講されるべきだ、と。建築業は必要で林業は不要とか、そういう判断ではないと思います。

ATIで実施するロープ高所作業特別教育（実技）。樹上作業に特化した内容です

**—ロープ高所作業特別教育の講師として気をつけていることは？**

この講習の時は、決まったことを決まったように伝えます。教育の課程が決まっているから、それを漏れないように伝えるということが一番ですね。時間をしっかり守って、内容的にも国が求めているものを教えるということです。

特別教育はチェーンソーもそうですけど、本来は事業主の責任で行うものなんですね。自分の事業所でできない場合に他所に頼むわけです。つまり、僕は事業主の代わりにやっ

ATIで実施するロープ高所作業特別教育（学科）。日本各地で実施。開催日程はATIのwebサイトに掲載
www.japan-ati.com

てるので、僕の個人的な思いを話すのは問題があります。僕の思いだけで話すとヒューマンエラーが入りますので(笑)。

例えば、ライフラインの話をまったくせずに終わったとします。受講生は習ってない、事故が起きる、あの講師は話さなかった、となったら僕の責任ですよね。事業主の責任ではないです。その辺は注意しますね。法律に関わってるだけに。

## 登ることより大事なことを学ぶ場

**—講習では、実際にロープを使って木に登る実技も行いますか?**

はい、やりますよ。いつも決まった木でやるなら同じようにできますけど、会場ごとに適した木を選んでやるので、その時によって少し内容が変わることもあります。

実技の講習は3パターンくらいあります。例えば、受講者が法面の伐採をする方なら、法面においてメインロープとライフラインをどう使い分けた方がいいか、といった話もします。そうなると、ノットの内容も変わりますね。時間の制約があって、すべてのノットを説明することはできないので。

ノットは、習得して自分で再現できなければ意味がないので、確実にできるものを徐々に増やしていくことが大事ですね。あとは道具の使い方。どんなに良くて安全なものを使っても、使用手順を間違えたり取り付け方法を間違えたりしたらダメですから。

**—この特別教育を受けると、木に登れるようになると思う人もいると思いますが。**

そう思われる方がいるのかもしれませんが、特別教育を受けるだけで木に登れるようになることは、まったくないですね。

**—では、特別教育を受ける意味とは?**

法令に基づいた規定ですから、法律はこうで、作業の手順はこうで、こういう事をしなくちゃいけない、という内容ですね。

この基礎の部分というのは、学び忘れたらあとで振り返ることができなくなってしまうので、本当に大事な部分を最初に学ぶことができる点に大きな意味があると思います。

最初に学ぶべきこととして、実際に登ることよりも大事なことが規定の中にあって、導入としては良いことを学べるんじゃないか、そしてこれは絶対に必要だと思いますね。

## 規定=現場で必要なこと

**—この特別教育はロープ高所作業という大きなくくりですから、それを樹上作業に適用させるには難しいところもあると思います。**

樹上作業に合わない部分よりも、合う部分の方が多いですよ。だから、木に登る前の人が学ぶには、この特別教育は非常に良いと思います。

## 「ロープ高所作業」特別教育の教育科目

| | 教育科目 | 内容 | 時間 |
|---|---|---|---|
| 学科教育 | 1 ロープ高所作業に関する知識 | ・ロープ高所作業の方法 | 1時間 |
| | 2 メインロープ等に関する知識 | ・メインロープ等の種類、構造、強度、取扱い方法<br>・メインロープ等の点検と整備の方法 | 1時間 |
| | 3 労働災害の防止に関する知識 | ・墜落による労働災害の防止のための措置<br>・安全帯、保護帽の使用方法と保守点検の方法 | 1時間 |
| | 4 法令関係 | ・法、令、安衛則内の関係条項 | 1時間 |
| 実技教育 | 1 ロープ高所作業の方法<br>墜落による労働災害防止のための措置<br>安全帯と保護帽の取扱い | ・ロープ高所作業の方法<br>・墜落による労働災害防止のための措置<br>・安全帯と保護帽の取扱い | 2時間 |
| | 2 メインロープ等の点検 | ・メインロープ等の点検と整備の方法 | 1時間 |

資料:安全衛生特別教育規程(厚生労働省)

例えば、調査及び記録（労働安全衛生規則（以下、安衛則）第５３９条の４）という規定があります。ここには、私たちが、あるいは皆さん方の多くが実際やっていることが、そのまま書いてあるんです。事前に現場を見て、例えば対象木が腐っていたら、どうしようかと考えて対策して、登る位置はここから、という具合に作業計画を立てるじゃないですか。

ちなみに、僕は事前に最低3回は見に行きますよ。規定になる前から、やってきています。なぜかというと、今までに調査を疎かにして失敗した経験があるからですよ。作業の続きを次の日にやろうと思って、翌日現場に行ってみたら、対象木が倒れてたとかね（後述）。1日遅れて登っていたらと思うとゾッとします。

そうした対象木のチェックにしても、周囲のチェックにしても、やらなくちゃいけないことは規定に定められています。それらを樹上作業に合わせて読み換えてやる必要はありますけど、すべて大事なことで、だからこの法令はすごいなと思いますけどね。

**—メインロープとは別に「ライフラインの設置（安衛則第５３９条の２）」の規定も現場では工夫が必要になりますよね。**

そうですね。その場その場で判断して、ライフラインに衝撃荷重が加わることが想定されるなら、ダイナミックロープを使ったりね。もう一つバックアップを取ったりとか。そういう判断・選択ができるようになるためのベースとなる知識を持ちたいですね。

経験は仕事を通してどんどん積んでいけばいいんですが、その経験が命に関わる失敗ではまずいわけです。地上とは違って、木の上で間違えるのはリスクが高いので、起きたら困る、命に関わるようなことだけは特別教育の講習会の中でお伝えするようにしています。

## 自分で考え、判断するための基礎

**—僕は、樹上作業に特化したロープ高所作業の特別教育ができる前に、他の業界で特別教育を受けました。現状は、伐採・法面工事・ビル清掃など各業界が自分たちの仕事を想定しながら運用しているはずです。今後は、より細分化されて樹上作業に沿った規定になると現場でもやりやすくなると思います。**

樹上作業の場合は、ロープに体重を預けて作業する「ワークポジショニング」が基本で、アンカーも人工物ではありません。ここは他業界と大きく異なる部分ですから、業種ごとに分けてもらえるとより安全になると思います。

決まりは決まりとして守ることが前提ですが、どうすれば樹上作業で事故が起こらないかを一番に考えたいですね。事故が起こらない、ミスもない。そのために求められることは何か。その辺の考え方が、これから必要になってくるんじゃないかと思いますね。

**—ロープを使う樹上作業で大事なことはなんでしょうか？**

僕に、現場まで来てくださいって言う人がいたんです。その人は、もう木の上で動けるんですよ。指示してもらえれば、枝の先でもどこでも行けるから、って。「そこでロープを掛け替えて」とか、「もう一つ折り返して」とか、言ってもらえれば全部やる、と。だけど僕は、それは違うって言うんですよ。1年もやれば、誰でも樹上で動けるようになります。そうじゃなくて、ロープをこの枝にかけると危ないから、こっちにしよう、こうやろう、という判断が自分でできるようにならないとダメですね。

確かに登るのは面白いから、すぐにどこでも行けるようになるんですけど、樹上でどうしたらいいのか、どこに危険があるのかが自分で判断できなければ、いずれ行き詰まるんじゃないでしょうか。

そうならないためには、自分で判断できるように基本を理解しないと。それがこの規定に書いてあるような気がします。まあ、全部じゃないですけどね。

## 樹上作業に携わる方々の安全のお手伝いができれば――

**―樹上作業に適用させてテキストを作るのは大変だったのではないですか？**

テキストの中身は法令と全く同じなんです。順番は入れ替えてますけど。法令がこう変わったという話を噛み砕いて話している。そういうことなんですね。

結局なにが大事かというと、インスペクション（安衛則第539条の4）した上で、自分たちの経験に基づいて強度を判断してやっていくこと。これが一番安全なんですよ。最初から高い所に登らずに、まず登る時は少し低い太い枝に掛けて登り、樹上でインスペクションし直してからロープを掛け替える。より安全かどうかの判断は、その人の経験であり、木に対しての知識であり、樹種によっても違いますよね。そういうことを全部理解した上で登る。リスク要素が多いので、最終的にはそこ（経験）に頼らざるを得ない。だからこそ、その判断材料となる事前のチェック・準備がいかに大事かって話にまた戻るんですけど。

**―テキストを読んで印象に残ったのは、災害事例です。林業の掛かり木処理は危険性が認知されていて、対策も練られています。でも、この仕事はどんな時にどんな危険があるのか、まだ業界全体で共有されてないと思うんです。**

巻末の災害事例には僕の経験談も入れています。例えば、ニセアカシアの枯れ枝除去を行っていて、翌日行ってみたら幹ごと倒れていたという話です。

原因は白色腐朽が入っていたことでした。事前にインスペクションしているんですけど、まったくわからなかったです。木の肌とか外見では判断できなくて。今から思えば見落としですよね。そういう失敗があったからこそ、次からニセアカシアに登る時は疑ってかかって、まず登らない方向で考えます。

**―それ、分かります。まず登ってからどうにかしようと考えてしまうのは、あまりよくないですよね。**

鹿児島で実施した講習会で、良い質問が出たんですよ。テキストに掲載した写真の話をしていた時です。台風で幹が根元から高さ8mくらいまで裂けた状態で立っているヤナギ

◀メインロープを掛け替える際などに設置する墜落防止用バックアップシステムの例

があったんですよ。この写真の木を伐採する時の作業手順は？ と皆さんに尋ねたんです。
このヤナギは僕が伐採した事例なんですが、行った作業はまず、幹が割れないようにワイヤーとチェーンで締めました。それでも動くので、高所作業車を使って、幹にかかる力を逃がすように枝を落としていきました。
それがいいかどうかは別にして、作業手順を自分なりに考えてやりました、と話したら、「高所作業車が使えなかったら、中坪さんは登りますか」と聞かれたんです。

**―確かにいい質問ですね。**

そこで僕はこう答えました。「例えば、支柱を設置する、倒れてもいいように周りのものを避ける、足場を組む、そういう段取りをして、登らずに伐る選択をすることが大事だと思います。僕たちは登れるようになると、何でも登ってしまうようになる。これでは、そのうちに事故になると思う。だからありがたい質問だと思います」と。

**―現場の生の声で伝えると受講生にも響くと思います。**

そういう話をテキストに掲載した写真ごとに話します。悪天候時に誰が作業中止の決断を下すのか、木を見る力が大事なんじゃないでしょうか、とかね。そうすると皆さん、そうですね、と聞いてくれるんです。

**―結局、まず何よりも安全が最優先なんですね。**

ロープ高所作業特別教育を受けて、その人がミスを1回防げれば、それで事故も1つ減るわけですよね。これだけでも、いいですもんね。
僕は、テキストの最後にこう書きました。「樹上作業に携わる方々が、一人でも安全に対する意識が高くなり、一人でも事故が未然に防止され、一人でも健康で楽しい毎日を送る人が増える。そんなお手伝いができたなら、心からうれしく思います」と。このテキストが完全だとは思っていないんです。これを叩き台にして、樹上作業の日本のガイドラインのようなものをみんなで作っていければいいと思いますよ。

取材を終えて。お互いに樹上作業に携わる現場人として、大いに盛り上がりました。中坪さん（右）と梶谷さん（左）

## 取材を終えて

取材の中で、印象に残っている言葉があります。「大変な仕事の時は大抵何回か夢を見ますよ」。幹が割れたり、これまで実際には経験したことのない大変厳しい状況の夢を見るそうです。僕は夢は見ませんが、難しい仕事の時、樹上で足が震えて仕方がなかったことがあります。同じなんですよね。この仕事は大変なプレッシャーがかかる時がどうしてもある。その時、僕はアンカーの状態、ロープやランヤード、装備などすべてを点検し「大丈夫だ」と確信して深呼吸してから仕事を再開しました。
中坪さんが話してくれた「安全な道具を使っても、手順や取り付け方法を間違えてはダメ」「インスペクションを繰り返す」ということ。本当にその通りだと思います。改めて安全に作業する原点を教えてもらった、そんな取材となりました。

梶谷哲也

## リギングの科学と実践

ISA 著

リギングの実践理論を説いたテキスト。待望の和訳版が2018年夏～秋頃発行予定です。
翻訳／ジョン・ギャスライト、川尻秀樹、高橋晃展
発行／全国林業改良普及協会
定価／未定

▶こちらは原著の表紙になります

クチコミガイド

# 頼れるプロショップ

トレーラーにローダークレーンを架装

部品倉庫

## 新庄自動車株式会社

〒996-0053
山形県新庄市
大字福田字福田山711-91
TEL：0233-22-3130
FAX：0233-23-4487
http://shinjyo.biz/

新庄自動車は自動車修理会社として1954年に創業。特徴は、普通鋼に比べ軽量で3～5倍の強度を持つと言われるスウェーデン鋼を使った、原木運搬用トラックボデーの製造です。

また、丸太を積み降ろしするスロベニア共和国のTajfun LIV社製ローダークレーンを自社で輸入。(Vol.17特集3で掲載)

そして、フルトレーラーが苦手としていたバック走行を容易にする画期的な装置「hiraku式フルトレーラー」を独自に開発するなど、原木運搬車をボデーからクレーン、塗装まで一気通貫で製造できる国内でも数少ない会社です。

また、欧州の林業機械を数多く取り扱ってきた実績から、部品倉庫には様々なメーカーの油圧部品がストックしてあり、迅速な対応は舶来の機械が増えてきた現在の林業界にあって何者にも変えられない安心感があります。

4年に一度、スウェーデンで行われる国際展示会「Elmia Wood（エルミア・ウッド）」に合わせた視察ツアーも開催しており、林業機械の視察に合わせて佐藤社長のトラック講義を受けるのもとても有意義ですよ。

(紹介者／有限会社松田林業　松田昇)

佐藤社長

## 有限会社 渡邉産業機械

〒415-0021
静岡県下田市1丁目15番32号
TEL：0558-22-0759

店主の渡邉茂治さん

私たちは普段使用するチェーンソーや刈払機は、基本的には自分たちで日々メンテナンスをして使用しております。

しかし、どうしても調子が悪かったり、破損してしまった場合にいつも助けてもらうのが、有限会社渡邉産業機械（代表取締役 渡邉茂治さん）です。

機械類の販売はもちろん、機械が故障した時には頼りになるお店です。

また、株式会社いしい林業では林業のみならず、田んぼや畑等、農業も行っているので農器具についても大変お世話になっております。

以前、チェーンソーのスターター スプリングが外れてしまった時に、渡邉さんが素手で一瞬にして巻き直してしまったのを見たときには、さすがプロ！と驚いてしまいました。

見た目よりもやさしい方なので(笑)、林業農業機械で困った時は是非立ち寄ってみて下さい。

(紹介者／株式会社いしい林業　森広志)

チェーンソーを分解中

大きな店舗で、品揃え豊富

## 株式会社　森川商店　国道店

〒018-1734
秋田県南秋田群五城目町
大川字赤沼 121
TEL：018-875-5550
FAX：018-875-5553
http://morikawashop.com

森川商店さんは創業昭和元年、建築金物・電動工具・土木農業資材・エクステリアなどを扱っており、プロ用商品から家庭用金物まで、ホームセンターにも勝る豊富な品数と歴史ある老舗の金物屋さんです。

同店では「STIHL」の製品をメインに、チェーンソーはもちろんオイル、林業ツール、防護用品、ノベルティグッズまで販売されています。

そして、スチール主催の講習および認定試験を修了した、スチールエキスパート・スチールメカニックの資格を持つプロスタッフがおり、修理やメンテナンスを行ってくれます。秋田県でも４店舗しかないスチールショップとしての顔を持っています。

私が働いているエフ・ジーでもチェーンソーはもちろん、機械の工具やロープ、ワイヤー、チェーンオイル、マーカークレヨンなど、様々な道具でお世話になっています。個人的な意見ですが、ここまでスチールの製品を扱っているお店は他にないと思っています。先日、スチールの売り場も拡大し、製品ラインナップも増量しました。

森川社長いわく、「機械より、アクセサリーを多く並べたい」との事でした。森川商店さんでは、不定期でスチールフェアや電動工具の展示会等のイベントも開催しています。

社長さんをはじめ、明るく気さくなスタッフさんが、あなたの欲しいもの、探しているものを見つけてくれます。スチール、工具に興味のある方は森川商店（国道店）へお立ち寄りください。

（紹介者／有限会社エフ・ジー　中鉢恵太）

STIHLのノベルティグッズも豊富

専門知識豊富な森川社長

店内の様子

## 有限会社 四国林業機械

〒761-1503
香川県高松市塩江町
安原下第３号 916-1
TEL：087-897-0452
FAX：087-897-0547
定休日　日曜日

㈲四国林業機械さんは、チェーンソーに異常がある時や部品がなくなった時、電話をして持ち込むとすぐにみてくれるので助かります。

扱っている商品は、様々なメーカーのチェーンソー、刈払機、ワイヤ関係、集材機、ヘッジトリマー、防護服などです。林業関係者はもちろん農業関係者や一般のお客様まで幅広く対応しており、どこのメーカーの機械でも修理可能で、チェーンソーの目立てもしてもらえます。

店主の小笠原さんは、もともと車の修理屋さんでしたが、特殊なことをしたいという思いから、1965 年から林業機械の方へシフトされました。現在では、林業関係機関へ出向き、修理・点検・目立てなどの講習もされています。

お店へ伺った時は、いつもやさしく和やかな笑顔で対応してくださり、修理が必要なチェーンソーをみてもらいながら、長持ちする使い方を教えてくださいます。

これからの香川の林業を支える、なくてはならない存在です。

（紹介者／香川県森林組合連合会　前田宏美）

迅速な対応をしてくれる小笠原さん

編集協力
杉山 要 梶谷哲也 青木亮輔
（敬省略）
ペル＝エリック・ペルソン
アーボリスト®トレーニング研究所

編集
本永剛士
白石善也
只野正人
本多孝法
仮家晋一郎
石井圭子
吉田憲恵
高瀬由枝

撮影
塚本 哲

イラスト
イナアキコ

装丁・デザイン
石山 潔（CISデザイン）

発行　2018年5月30日
発行者　中山 聡
発行所　全国林業改良普及協会
〒107-0052
東京都港区赤坂1-9-13三会堂ビル
電話　03-3583-8461（代表）
　　　03-3583-8659（編集担当）
FAX　03-3583-8465
注文専用FAX　03-3584-9126
HP　http://www.ringyou.or.jp/
ブログ「げんばびとの広場」
　http://douguwaza.blog45.fc2.com/

印刷・製本所　株式会社　技秀堂

Printed in Japan
ISBN978-4-88138-358-2



● 一般社団法人　全国林業改良普及協会（全林協）は、
会員である47都道府県の林業改良普及協会（一部山林協会等含む）と
連携・協力して、出版をはじめとした森林・林業に関する情報発信
および普及に取り組んでいます。
全林協の月刊「林業新知識」、月刊「現代林業」、単行本は、
次のURLリンク先の協会からも購入いただけます。
http://www.ringyou.or.jp/about/organization.html
〈都道府県の林業改良普及協会（一部山林協会等含む）一覧〉

## Vol.5
### 特殊伐採という仕事

ISBN978-4-88138-262-2　120頁

特殊伐採の技術や安全対策、チームワークを公開!

## Vol.6
### 徹底図解 搬出間伐の仕事

ISBN978-4-88138-273-8　128頁

システムから材と人・機械の動き、技術や工夫まで、パノラマやイラストで図解!

## Vol.7
### ズバリ架線が分かる現場技術大図解

ISBN978-4-88138-278-3　116頁

プロが実践する架線の技術、醍醐味を公開!

## Vol.8
### パノラマ図解 重機の現場テクニック

ISBN978-4-88138-291-2　116頁

重機の役割、機能が分かる! 搬出現場を公開!

## Vol.1
### チェーンソーのメンテナンス徹底解説

ISBN978-4-88138-225-7　128頁

チェーンソーを徹底的に知る

## Vol.2
### 伐倒スタイルの研究 北欧・日本の達人技

ISBN978-4-88138-233-2　128頁

プロが実践する伐倒技術最前線を公開!

## Vol.3
### 刈払機の徹底活用術

ISBN978-4-88138-244-8　128頁

プロが実践 刈払い作業、安全ポイント、刈刃目立て術を公開!

## Vol.4
### 正確な伐倒を極める

ISBN978-4-88138-255-4　120頁

プロが実践 正確な伐倒の技、工夫、安全対策を初公開!

# 林業現場人 道具と技

「林業で生きるげんばびと」のための人気シリーズ好評発売中

## Vol.14
### 搬出間伐の段取り術

ISBN978-4-88138-336-0　120頁

「段取り八分の仕事二分」。
搬出間伐現場の規模や特色、
人員などに合わせた
段取り例を大公開!

## Vol.15
### 難しい木の伐倒方法

ISBN978-4-88138-340-7　120頁

難度の高い技で
「難しい木」に向き合う、
達人たちの「伐倒方法」を
徹底紹介!

## Vol.16
### 安全・正確の追求
### ー欧州型チェーンソーの伐木教育法

ISBN978-4-88138-347-6　120頁

WLCトッププロも学ぶ
究極の安全・正確な習得方法とは。

## Vol.17
### 皆伐の進化形を探る

ISBN978-4-88138-351-3　124頁

進化する皆伐施業とは!
技術、経営、販売から社会的責任の
視点まで

## Vol.9
### 広葉樹の伐倒を極める

ISBN978-4-88138-295-0　116頁

広葉樹だからこその伐倒技術、
達人による、その極意を紹介!

## Vol.10
### 大公開　これが特殊伐採の技術だ

ISBN978-4-88138-303-2　116頁

登る、伐る、降ろす、
作業デザイン、そして安全。
特殊伐採の技術を写真図解!

## Vol.11
### 稼ぐ造材・採材の研究

ISBN978-4-88138-312-4　120頁

顧客が喜ぶ商品（丸太）をつくる!
採材・造材でここまで
材価が上がる。

## Vol.12
### 私の安全流儀
### 自分の命は、自分で守る

ISBN978-4-88138-322-3　124頁

「安全はすべてに優先する」

プロ22人の思いと実践がここに!

## Vol.13
### 材を引っ張る技術いろいろ

ISBN978-4-88138-326-1　118頁

マルチスキッダ、自走式搬器、
林内作業者、簡易架線、馬搬、
ウインチ・・・。材を引っ張る技術
タイプ別大公開!

各定価:本体1,800円+税
TEL03-3583-8461
注文専用FAX03-3584-9126
全林協 http://www.ringyou.or.jp/

# 全林協の出版案内

## ロープ高所作業（樹上作業）特別教育テキスト

**安衛則第36条・第39条・安全衛生特別教育規程第23条に掲げる業務に係る特別教育用テキスト**

アーボリスト® トレーニング研究所 著

ISBN978-4-88138-350-6
定価:本体2,800円＋税
A4判　120頁　オールカラー

**特別教育を必要とする業務**
**「ロープ高所作業（樹上作業）者」のためのテキスト!**
**特殊伐採作業者、アーボリスト、空師　必携!**

厚生労働省による労働安全衛生規則等の改正で、「ロープ高所作業」への規程が新設され、作業をする方に、災害防止対策に向けた特別教育を行うことを義務付けました。本テキストは、特別教育の科目に沿って、写真・図解でわかりやすく解説し、ロープ高所作業（樹上作業）への知識や安全について修得できる内容になっています。

## 「なぜ?」が学べる実践ガイド 納得して上達! 伐木造材術

ジェフ・ジェプソン 著
イラスト　ブライアン・コットワイカ
訳　ジョン・ギャスライト
　　川尻 秀樹

ISBN978-4-88138-279-0
定価:本体2,200円＋税
A5判　232頁

**伐木造材の完全ガイド。現場人に寄り添う技術解説。**
**なぜその方法か。理由が分かれば上達は早い。**

本書はプロの伐木作業者はもちろん、自伐林家、熱意ある林業ボランティアにも読んでいただけます。林業現場や里山で、伐木や造材作業を安全に首尾良く実施するために欠かせない実践的な情報が満載です。200点以上の図を用い、作業開始前の準備、３段階の手順を踏んだ伐木、難しい木の伐倒、枝払い・玉切り、薪割りや薪積みの方法などを段階的に説明しています。

●この本で学べる技術

- ・基本的な伐倒の手順
- ・コモンノッチ
- ・オープンフェイスノッチ
- ・基本的なクサビ作用の原則
- ・プルラインの設置と固定／操作
- ・安全な突っ込み切りの方法、ほか

## 業務で使う林業QGIS徹底使いこなしガイド

喜多 耕一 著

ISBN978-4-88138-348-3
定価:本体5,400円＋税
A4判　552頁　オールカラー

**徹底した網羅的解説の決定版**
**フリーソフトだから、全員で使えてデータ共有!**

便利なデータ処理、地図化、ファイル作成が今すぐに。「ここを説明してほしい」を項目別にていねいに解説。すごい資料作成が可能になります。

●本書で学ぶ主な操作解説内容

- ・QGISインストール
- ・ファイル保存
- ・データの入手・準備
- ・ファイルの作成・変換
- ・座標系の説明ガイド
- ・属性データの整理
- ・地図の作成・表示
- ・地図の印刷
- ・長さ、面積を測定・計算する
- ・紙地図をQGISで使う
- ・応用利用事例
- ・GPS関連の操作
- ・GoogleEarth関連の操作

QGISデータの共有方法／QGIS解説サイトや質問掲示板案内など、実務

## 森づくりの原理・原則 自然法則に学ぶ合理的な森づくり

正木　隆 著

ISBN978-4-88138-357-5
定価:本体2,300円＋税
A5判　200頁

**60の原理・原則が**
**自然法則にあう森林管理を教えてくれる。**

樹高や材積の成長には自然のルールがあります。森林生態系の言葉である原理・原則です。
本書は、森づくりの科学的根拠となる原理・原則を読み解き、そのルールを知ることで最適な森づくりを考える本です。
間伐率はどうあるべきか、材積成長の最適化はどう見るか、皆伐、再造林の在り方、混交林、更新の確保、災害に強い森づくりなどは、何を根拠に検討すべきか。そうした答えを本書から見つけることができます。自然の法則にあった森づくりこそ、持続可能な森林管理の土台です。
専門的で難解になりがちな内容も、わかりやすい語り口、写真や図表でなるほど、納得。森林に興味のある方、林業関係に携わる方におすすめです。